"十四五"职业教育国家规划教材

高等职业教育系列教材

U0168271

工业机器人离线编程

主　　编　何彩颖

副主编　文清平　杨金鹏　叶　晖

参　　编　雷　丹　吴　智　燕杰春　李勇兵

机械工业出版社

本书以目前应用比较广泛的 ABB 工业机器人离线编程仿真软件 RobotStudio 为平台，以工业机器人激光切割、搬运和码垛为应用案例来介绍离线编程与仿真的方法，以带输送链的工业机器人工作站作为组建工作站的学习项目，遵循"由简入繁、循序渐进"的原则，将知识点分解、融入到简单的案例中，使学生了解工业机器人离线编程与仿真的方法，掌握利用相关建模操作来组建常用工业机器人工作站的方法与步骤。

本书内容选择合理、结构清晰，适合作为高职高专院校工业机器人技术、电气自动化技术、机电一体化技术等专业的教学用书，也可作为工程技术人员的培训教材。

本书配有电子课件、仿真动画和工作站文件，可扫描二维码观看或下载，或登录机械工业出版社教育服务网 www.cmpedu.com 免费注册后下载。

图书在版编目（CIP）数据

工业机器人离线编程 / 何彩颖主编. —北京：机械工业出版社，2020.4
（2025.1 重印）
高等职业教育系列教材
ISBN 978-7-111-64761-4

Ⅰ. ①工… Ⅱ. ①何… Ⅲ. ①工业机器人-程序设计-高等职业教育-教材
Ⅳ. ①TP242.2

中国版本图书馆 CIP 数据核字（2020）第 026208 号

机械工业出版社（北京市百万庄大街 22 号 邮政编码 100037）
策划编辑：曹帅鹏　　责任编辑：曹帅鹏
责任校对：张艳霞　　责任印制：郜　敏
河北鑫兆源印刷有限公司印刷

2025 年 1 月·第 1 版·第 12 次印刷
184mm×260mm·12.5 印张·304 千字
标准书号：ISBN 978-7-111-64761-4
定价：39.90 元

电话服务　　　　　　　　　　　　网络服务
客服电话：010-88361066　　　　机 工 官 网：www.cmpbook.com
　　　　　010-88379833　　　　机 工 官 博：weibo.com/cmp1952
　　　　　010-68326294　　　　金 书 网：www.golden-book.com
封底无防伪标均为盗版　　　　机工教育服务网：www.cmpedu.com

高等职业教育系列教材机电类专业
编委会成员名单

主　　任　吴家礼

顾　　问　张　华　陈剑鹤

副 主 任　（按姓氏笔画排序）

龙光涛　何用辉　宋志国　徐建俊　韩全立　覃　岭

委　　员　（按姓氏笔画排序）

于建明　王军红　王建明　田林红　田淑珍　史新民

代礼前　吕　汀　任艳君　向晓汉　刘　勇　刘长国

刘剑昀　纪静波　李方园　李会文　李江全　李秀忠

李柏青　李晓宏　杨　欣　杨士伟　杨华明　吴振明

何　伟　陆春元　陈文杰　陈黎敏　金卫国　徐　宁

郭　琼　陶亦亦　曹　卓　盛定高　崔宝才　董春利

韩敬东

秘 书 长　胡毓坚

副秘书长　郝秀凯

关于"十四五"职业教育
国家规划教材的出版说明

为贯彻落实《中共中央关于认真学习宣传贯彻党的二十大精神的决定》《习近平新时代中国特色社会主义思想进课程教材指南》《职业院校教材管理办法》等文件精神，机械工业出版社与教材编写团队一道，认真执行思政内容进教材、进课堂、进头脑要求，尊重教育规律，遵循学科特点，对教材内容进行了更新，着力落实以下要求：

1. 提升教材铸魂育人功能，培育、践行社会主义核心价值观，教育引导学生树立共产主义远大理想和中国特色社会主义共同理想，坚定"四个自信"，厚植爱国主义情怀，把爱国情、强国志、报国行自觉融入建设社会主义现代化强国、实现中华民族伟大复兴的奋斗之中。同时，弘扬中华优秀传统文化，深入开展宪法法治教育。

2. 注重科学思维方法训练和科学伦理教育，培养学生探索未知、追求真理、勇攀科学高峰的责任感和使命感；强化学生工程伦理教育，培养学生精益求精的大国工匠精神，激发学生科技报国的家国情怀和使命担当。加快构建中国特色哲学社会科学学科体系、学术体系、话语体系。帮助学生了解相关专业和行业领域的国家战略、法律法规和相关政策，引导学生深入社会实践、关注现实问题，培育学生经世济民、诚信服务、德法兼修的职业素养。

3. 教育引导学生深刻理解并自觉实践各行业的职业精神、职业规范，增强职业责任感，培养遵纪守法、爱岗敬业、无私奉献、诚实守信、公道办事、开拓创新的职业品格和行为习惯。

在此基础上，及时更新教材知识内容，体现产业发展的新技术、新工艺、新规范、新标准。加强教材数字化建设，丰富配套资源，形成可听、可视、可练、可互动的融媒体教材。

教材建设需要各方的共同努力，也欢迎相关教材使用院校的师生及时反馈意见和建议，我们将认真组织力量进行研究，在后续重印及再版时吸纳改进，不断推动高质量教材出版。

机械工业出版社

前　言

目前，工业机器人在工业领域的应用越来越广泛，工业机器人是实现生产线自动化、工厂数字化、工厂智能化的重要基础装备之一。党的二十大报告指出"推进新型工业化，加快建设制造强国"。国家先后出台《"十四五"智能制造发展规划》《"十四五"机器人产业发展规划》等一系列相关规划，将机器人产业作为战略性新兴产业给予重点支持。

未来，工业机器人将成为一项增加就业机会的重要推力。我们共同面对的一个挑战是：工业机器人技术应用人才在我国缺口很大，人才缺口还在以每年 20%～30% 的速度持续递增。面对工业发展对工业机器人人才的需求，切实需要实用、有效的教学资源培养能适应生产、建设、管理、服务第一线需要的高素质技术技能人才。为满足紧缺人才培养要求，四川信息职业技术学院以产教融合、校企合作为改革方向，以提升服务国家发展和改革民生的各项能力为根本要求，全面推动职业教育随着经济增长方式转变，使职业教育跟着产业结构调整升级，围绕企业人才需要，培养适应社会和市场需求的人才。

本书针对高职高专学生的特点，结合企业对人才的需求，以及工业机器人主流品牌发展的趋势编写。本书选用了目前应用比较广泛的 ABB 工业机器人离线编程仿真软件RobotStudio 作为载体，以工业机器人激光切割、搬运和码垛作为离线编程与仿真的应用案例，以带输送链的工业机器人工作站的构建作为工作站仿真建模应用案例。本书既能满足高职高专院校工业机器人技术专业的教学需求，又能使学生了解工业机器人离线编程与仿真在实际应用中的作用，以及常用工业机器人工作站的构建方法。考虑到课程涉及的知识点多、内容广等特点，以及高职高专学生的知识现状和学习特点，结合生产实际，将知识点分解融汇到简单的案例中带动学习，注重培养学生解决实际问题的能力。

本书内容选择合理、结构清晰，符合高职教育规律，操作性强，面向应用，书中涉及的主要技术资料均来自企业，书中案例也来自企业真实案例，书中所有程序都经过编者验证，图文并茂，通俗易懂。

本书由四川信息职业技术学院的何彩颖担任主编，四川信息职业技术学院的文清平、杨金鹏以及上海 ABB 机器人有限公司的叶晖担任副主编，由王智全担任主审，四川信息职业技术学院的雷丹、吴智、燕杰春、李勇兵参与了本书的编写。何彩颖完成全书的统稿工作。第 1 章由文清平编写，第 2 章由杨金鹏和雷丹编写，第 3 章由何彩颖和燕杰春编写，第 4 章由何彩颖、叶晖和吴智共同编写，第 5 章由文清平、李勇兵、杨金鹏和叶晖共同编写。本书在编写过程中参考了大量的书籍及文献资料，在此向文献资料的作者致以诚挚的谢意。

受编写时间及编者水平所限，书中难免有疏漏和不妥之处，恳请广大读者批评指正。

编　者

目　录

第1章　工业机器人认知

◆ **学习目标**

1. 认识工业机器人的定义、分类、系统组成及其坐标系。
2. 了解工业机器人离线编程仿真应用技术及常用的离线编程软件。
3. 能够进行 ABB 离线编程及仿真软件 RobotStudio 的安装，并熟悉并其操作界面。

◆ **任务描述**

认识工业机器人的定义、分类、系统组成及坐标系，了解常用的离线编程软件，能够进行 RobotStudio 软件的安装并熟悉软件的操作界面。

1.1　认识工业机器人

机器人是众所周知的一种高新技术产品，然而，"机器人"一词最早并不是一个技术名词，而且至今尚未形成统一的、严格而准确的定义。1920 年捷克作家卡雷尔·查培克在其剧本《罗萨姆的万能机器人》中最早使用机器人一词，剧中机器人"Robot"这个词的本意是苦力，即剧作家笔下的一个具有人的外表、特征和功能的机器，是一种人造的劳力，它是最早的工业机器人设想。实际上，真正能够代替人类进行生产劳动的机器人，是在 20 世纪 60 年代才问世的。伴随着机械工程、电气工程、控制技术以及信息技术等相关科技的不断发展，到 20 世纪 80 年代，机器人开始在汽车制造业、电机制造业等工业生产中大量采用。现在，机器人不仅在工业，而且在农业、商业、医疗、旅游、空间、海洋以及国防等诸多领域获得越来越广泛的应用。

经过几十年的发展，机器人技术已经形成了综合性的学科——机器人学（Robotics）。机器人学有着极其广泛的研究和应用领域，主要包括机器人本体结构系统、机械手设计，轨迹设计和规划，运动学和动力学分析，机器视觉、机器人传感器，机器人控制系统以及机器智能等。

1.1.1　工业机器人的定义和分类

1. 工业机器人定义

工业机器人是一种通过重复编程和自动控制，能够完成制造过程中某些操作任务的多功能、多自由度的机电一体化自动机械装备和系统，它结合制造主机或生产线，可以组成单机或多机自动化系统，在无人参与下，实现搬运、焊接、装配和喷涂等多种生产作业。

国际标准化组织（ISO）对机器人的定义如下：

1）机器人的动作机构具有类似于人或其他生物体的某些器官（肢体、感受等）的功能；
2）机器人具有通用性，工作种类多样，动作程序灵活易变；
3）机器人具有不同程度的智能性，如记忆、感知、推理、决策、学习等；
4）机器人具有独立性，完整的机器人系统在工作中可以不依赖于人的干预。

2. 工业机器人分类

机器人的机械配置形式多种多样，典型机器人的机构运动特征是用其坐标特性来描述的。按机构运动特征，机器人通常可分为直角坐标机器人、柱面坐标机器人、球面坐标机器人和多关节型机器人等类型。

（1）直角坐标机器人

直角坐标机器人具有空间上相互垂直的两根或三根直线移动轴（如图 1-1 所示），通过直角坐标方向的 3 个独立自由度确定其手部的空间位置，其动作空间为一长方体。直角坐标机器人结构简单，定位精度高，空间轨迹易于求解；但其动作范围相对较小，设备的空间因数较低，实现相同的动作空间要求时，机体本身的体积较大。主要用于印制电路基板的元器件插入、紧固螺钉等作业。

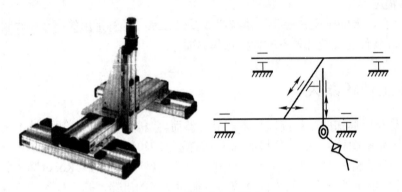

图 1-1　直角坐标机器人

（2）柱面坐标机器人

柱面坐标机器人的空间位置机构主要由旋转基座、垂直移动和水平移动轴构成（如图 1-2 所示），具有一个回转和两个平移自由度，其动作空间呈圆柱形。这种机器人结构简单、刚性好，但缺点是在机器人的动作范围内，必须有沿轴线前后方向的移动空间，空间利用率较低，主要用于重物的装卸、搬运等作业。著名的 Versatran 机器人就是一种典型的柱面坐标机器人。

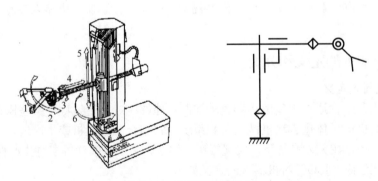

图 1-2　柱面坐标机器人

（3）球面坐标机器人

球面坐标机器人如图 1-3 所示，其空间位置分别由旋转、摆动和平移 3 个自由度确定，动作空间形成球面的一部分。其机械手能够做前后伸缩移动、在垂直平面上摆动以及绕底座在水平面上转动。著名的 Unimate 就是这种类型的机器人。其特点是结构紧凑，所占空间体积小于直角坐标和柱面坐标机器人，但仍大于多关节型机器人。

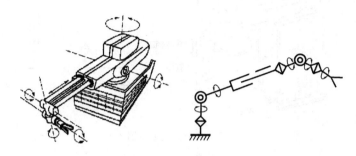

图 1-3 球面坐标机器人

（4）多关节型机器人

多关节型机器人由多个旋转和摆动机构组合而成。这类机器人结构紧凑、工作空间大、动作最接近人的动作，对喷漆、装配、焊接等多种作业都有良好的适应性，应用范围越来越广。不少著名的机器人都采用了这种型式，其摆动方向主要有垂直方向和水平方向两种，因此这类机器人又可分为垂直多关节机器人和水平多关节机器人。如美国 Unimation 公司 20世纪 70 年代末推出的机器人 PUMA（如图 1-4 所示）就是一种垂直多关节机器人，而日本山梨大学研制的机器人 SCARA（如图 1-5 所示）则是一种典型的水平多关节机器人。

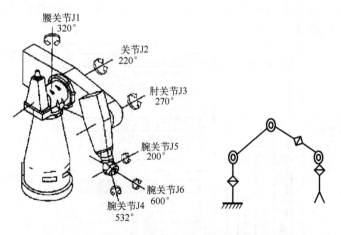

图 1-4 垂直多关节机器人

垂直多关节机器人模拟了人类的手臂功能，由垂直于地面的腰部旋转轴（相当于大臂旋转的肩部旋转轴）带动小臂旋转的肘部旋转轴以及小臂前端的手腕等构成。手腕通常由 2～3个自由度构成。其动作空间近似一个球体，所以也称为多关节球面机器人。其优点是可以自由地实现三维空间的各种姿势，可以生成各种复杂形状的轨迹。相对机器人的安装面积，其动作范围很宽。缺点是结构刚度较低，动作的绝对位置精度比较低。它广泛应用于代替人完成的装配作业、货物搬运、电弧焊接、喷涂、点焊接等作业场合。

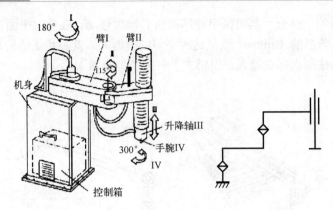

图 1-5　水平多关节机器人

　　水平多关节机器人在结构上具有串联配置的两个能够在水平面内旋转的手臂，其自由度可以根据用途选择为 2～4 个，动作空间为一圆柱体。水平多关节机器人的优点是在垂直方向上的刚性好，能方便地实现二维平面上的动作，在装配作业中得到普遍应用。

1.1.2　工业机器人的系统组成

　　机器人是典型的机电一体化产品，一般由机械部分、控制部分、传感器和人机交互系统等组成，如图 1-6 所示。机械部分包括机器人本体及驱动系统，是机器人实施作业的执行机构。为对本体进行精确控制，传感器应提供机器人本体或其所处环境的信息，控制系统依据控制程序产生指令信号，通过控制各关节运动坐标的驱动器，使各臂杆端点按照要求的轨迹、速度和加速度，以一定的姿态达到空间指定的位置。驱动器将控制系统输出的信号变换成大功率的信号，以驱动执行器工作。

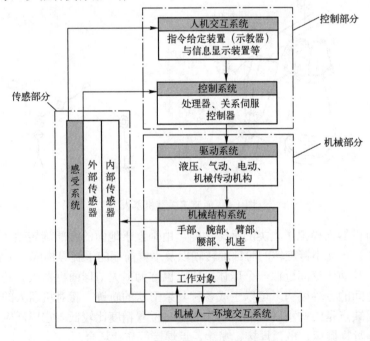

图 1-6　工业机器人系统的组成

1. 机械本体

机械本体是机器人赖以完成作业任务的执行机构，一般是一台机械手，也称操作器或操作手，可以在确定的环境中执行控制系统指定的操作。典型工业机器人的机械本体一般由手部（末端执行器）、腕部、臂部、腰部和基座构成。机械手多采用关节式机械结构，一般具有 6 个自由度，其中 3 个用来确定末端执行器的位置，另外 3 个则用来确定末端执行装置的方向（姿势）。机械臂上的末端执行装置可以根据操作需要换成焊枪、吸盘、扳手等作业工具。

2. 控制系统

控制系统是机器人的指挥中枢，相当于人的大脑功能，负责对作业指令信息、内外环境信息进行处理，并依据预定的本体模型、环境模型和控制程序做出决策，产生相应的控制信号，通过驱动器驱动执行机构的各个关节按所需的顺序、沿确定的位置或轨迹运动，完成特定的作业。从控制系统的构成看，有开环控制系统和闭环控制系统之分；从控制方式看有程序控制系统、适应性控制系统和智能控制系统之分。

3. 驱动器

驱动器是机器人的动力系统，相当于人的心血管系统，一般由驱动装置和传动机构两部分组成。因驱动方式的不同，驱动装置可以分成电动、液动和气动 3 种类型。驱动装置中的电动机、液压缸、气缸可以与操作机直接相连，也可以通过传动机构与执行机构相连。传动机构通常有齿轮传动、链传动、谐波齿轮传动、螺旋传动、带传动等几种类型。

4. 传感器

传感器是机器人的感测系统，相当于人的感觉器官，是机器人系统的重要组成部分，包括内部传感器和外部传感器两大类。内部传感器主要用来检测机器人本身的状态，为机器人的运动控制提供必要的本体状态信息，如位置传感器、速度传感器等。外部传感器则用来感知机器人所处的工作环境或工作状况信息，又可分成环境传感器和末端执行器传感器两种类型；前者用于识别物体和检测物体与机器人的距离等信息，后者安装在末端执行器上，检测处理精巧作业的感觉信息。常见的外部传感器有力觉传感器、触觉传感器、接近觉传感器、视觉传感器等。

1.1.3 工业机器人坐标系

坐标系从一个称为原点的固定点通过轴定义平面或空间。机器人目标和位置通过沿坐标系轴的测量来定位。

1. 基坐标系

基坐标系在机器人基座中有相应的零点，这使固定安装的机器人的移动具有可预测性。因此它对于将机器人从一个位置移动到另一个位置很有帮助。基坐标系如图 1-7 所示。

在正常配置的机器人系统中，当站在机器人的前方并在基坐标系中微动控制，将控制杆拉向自己一方时，机器人将沿 X 轴移动；向两侧移动控制杆时，机器人将沿 Y 轴移动。扭动控制杆，机器人将沿 Z 轴移动。

2. 大地坐标系

大地坐标系在工作单元或工作站中的固定位置有其相应的零点。这有助于处理若干个机器人或由外轴移动的机器人，如图 1-8 所示。

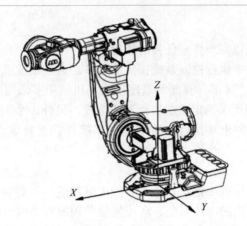

图 1-7　基坐标系

在默认情况下，大地坐标系与基坐标系是一致的。

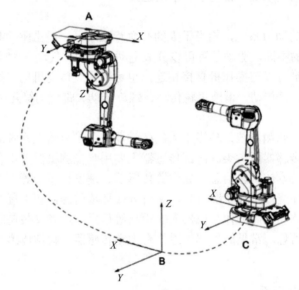

图 1-8　大地坐标系

A、C—基坐标系　B—大地坐标系

3．工具坐标系

工具坐标系将工具中心点设为零位。它会由此定义工具的位置和方向。工具坐标系经常被缩写为 TCPF（Tool Center Point Frame），而工具坐标系中心缩写为 TCP（Tool Center Point），如图 1-9 所示。

执行程序时，机器人就是将 TCP 移至编程位置。这意味着，如果要更改工具（以及工具坐标系），机器人的移动将随之更改，以便新的 TCP 到达目标。

所有机器人在手腕处都有一个预定义工具坐标系，该坐标系被称为 tool0。 这样就能将一个或多个新工具坐标系定义为 tool0 的偏移值。

4．工件坐标系

工件坐标系对应工件，它定义工件相对于大地坐标系（或其他坐标系）的位置。

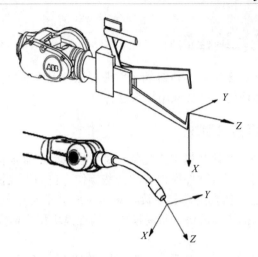

图 1-9　工具坐标系

工件坐标系必须定义于两个框架：用户框架（与大地基座相关）和工件框架（与用户框架相关），如图 1-10 所示。

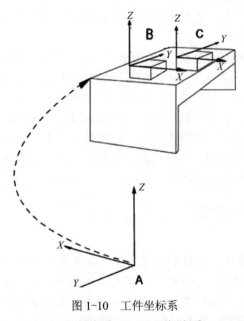

图 1-10　工件坐标系

A—大地坐标系　B、C—工件坐标系

机器人可以拥有若干工件坐标系，或者表示不同工件，或者表示同一工件在不同位置的若干副本。

对机器人进行编程就是在工件坐标系中创建目标和路径。这带来很多优点：

1）重新定位工作站中的工件时，只需更改工件坐标系的位置，所有路径将即刻随之更新。

2）允许操作以外轴或传送导轨移动的工件，因为整个工件可连同其路径一起移动。

1.2 工业机器人离线编程简介

随着机器人应用领域越来越广，传统的示教编程这种编程手段在有些场合变得效率非常低下，于是离线编程应运而生，并且应用越来越普及。

1.2.1 离线编程与仿真技术概况

离线编程是通过软件，在计算机中重建整个工作场景的三维虚拟环境，根据要加工零件的大小、形状、材料，同时配合软件操作者的一些操作，自动生成机器人的运动轨迹，即控制指令，然后在软件中进行仿真与调整轨迹，最后生成机器人程序传输给机器人。 典型的离线编程系统软件架构包括建模模块、布局模块、编程模块和仿真模块。

离线编程的优势：

1）减少机器人停机的时间，当对下一个任务进行编程时，机器人仍可在生产线上工作；

2）使编程者远离危险的工作环境，改善了编程环境；

3）离线编程系统使用范围广，可以对各种机器人进行编程；

4）能方便地实现优化编程；

5）可对复杂任务进行编程，能够自动识别与搜索 CAD 模型的点、线、面信息生成轨迹；

6）便于修改机器人程序。

对于国内优秀品牌离线编程软件 RobotArt 来说，正式推出后彻底打破了国外软件垄断的局面，大大降低了国内机器人应用的成本，同时为国内机器人应用提供了更好的服务。机器人离线编程系统正朝着一个智能化、专用化的方向发展，用户操作越来越简单方便，并且能够快速生成控制程序。在某些具体的应用领域可以实现参数化，极大地简化了用户的操作。同时机器人离线编程技术对机器人的推广应用及其工作效率的提升有着重要的意义，离线编程可以大幅度节约制造时间，实现机器人的实时仿真，为机器人的编程和调试提供灵活的工作环境，所以说离线编程是机器人发展的一个大的方向。

1.2.2 常用离线编程软件介绍

1. RobotMaster

RobotMaster 来自加拿大，是目前全球离线编程软件中顶尖的软件，几乎支持市场上绝大多数机器人品牌（KUKA 、 ABB 、 FANUC 、 Motoman 、 史陶比尔、珂玛、三菱、DENSO、松下……），RobotMaster 在 Mastercam 中无缝集成了机器人编程、仿真和代码生成功能，提高了机器人编程速度，RobotMaster 界面如图 1-11 所示。

RobotMaster 可以按照产品数模，生成程序，适用于切割、铣削、焊接、喷涂等。独家的优化功能，运动学规划和碰撞检测非常精确，支持外部轴（直线导轨系统、旋转系统），并支持复合外部轴组合系统。

2. RobotArt

RobotArt 是目前国内品牌离线编程软件中顶尖的软件。

软件根据几何数模的拓扑信息生成机器人运动轨迹，之后轨迹仿真、路径优化、后置代码一气呵成，同时集碰撞检测、场景渲染、动画输出于一体，可快速生成效果逼真的模拟动画。广泛应用于打磨、去毛刺、焊接、激光切割、数控加工等领域，RobotArt 界面如图 1-12 所示。

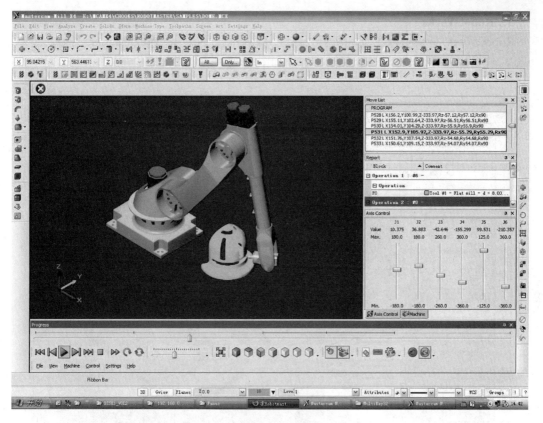

图 1-11　RobotMaster 界面

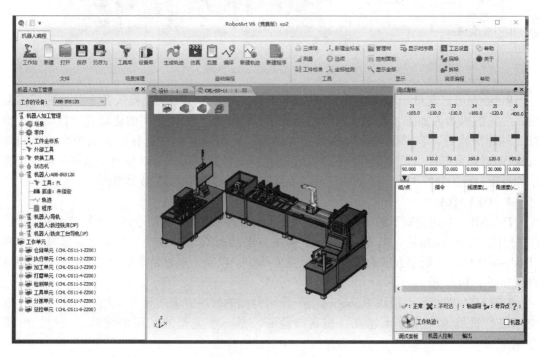

图 1-12　RobotArt 界面

3．RobotWorks

RobotWorks 是来自以色列的机器人离线编程仿真软件，与 RobotMaster 类似，是基于 SolidWorks 做的二次开发，RobotWorks 界面如图 1-13 所示。

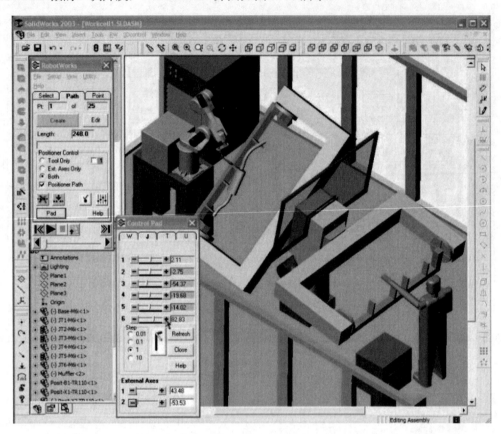

图 1-13　RobotWorks 界面

RobotWorks 支持市场上主流的工业机器人，提供各大工业机器人各个型号的三维数模。独特的机器人加工仿真系统可对机器人手臂、工具与工件之间的运动进行自动碰撞检查、轴超限检查，自动删除不合格路径并调整，还可以自动优化路径、减少空跑时间。RobotWorks 系统提供了完全开放的加工工艺指令文件库，用户可以按照实际需求自行定义添加设置自己的独特工艺，添加的任何指令都能输出到机器人加工数据里面。

4．DELMIA

DELMIA 是达索旗下的 CAM 软件，大名鼎鼎的 CATIA 也是达索旗下的 CAD 软件。DELMIA 有 6 大模块，其中 Robotics 解决方案涵盖汽车领域的发动机、总装和白车身（Body-in-White），航空领域的机身装配、维修维护，以及一般制造业的制造工艺，DELMIA 界面如图 1-14 所示。

DELMIA 的机器人模块 Robotics 是一个可伸缩的解决方案，利用强大的 PPR 集成中枢快速进行机器人工作单元建立、仿真与验证，是一个完整的、可伸缩的、柔性的解决方案。

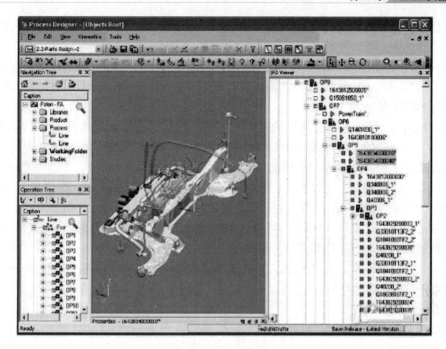

图 1-14 DELMIA 界面

5．Robcad

Robcad 是西门子旗下的软件，软件较庞大，重点在生产线仿真。软件支持离线点焊、多台机器人仿真、非机器人运动机构仿真和精确的节拍仿真，Robcad 主要应用于产品生命周期中的概念设计和结构设计两个前期阶段。

1.3 RobotStudio 软件介绍

RobotStudio 是瑞士 ABB 公司配套的软件，是机器人本体商中软件做得最好的一款。RobotStudio 支持机器人的整个生命周期，使用图形化编程、编辑和调试机器人系统来创建机器人的运行，并模拟优化现有的机器人程序。

RobotStudio 的优点：

1）CAD 导入方便。可方便地导入各种主流 CAD 格式的数据，包括 IGES、STEP、VRML、VDAFS、ACIS 及 CATIA 等。

2）AutoPath 功能。该功能通过使用待加工零件的 CAD 模型，仅在数分钟之内便可自动生成跟踪加工曲线所需要的机器人位置（路径），而这项任务以往通常需要数小时甚至数天。

3）程序编辑器。可生成机器人程序，使用户能够在 Windows 环境中离线开发或维护机器人程序，可显著缩短编程时间、改进程序结构。

4）路径优化。如果程序包含接近奇异点的机器人动作，RobotStudio 可自动检测出来并发出报警，从而防止机器人在实际运行中发生这种现象。仿真监视器是一种用于机器人运动优化的可视工具，红色线条显示可改进之处，以使机器人按照最有效方式运行。可以对 TCP 速度、加速度、奇异点或轴线等进行优化，缩短周期时间。

5）可达性分析。通过 Autoreach 可自动进行可到达性分析，使用十分方便，用户可通过该功能任意移动机器人或工件，直到所有位置均可到达，在数分钟之内便可完成工作单元平面布置验证和优化。

6）虚拟示教台。是实际示教台的图形显示，其核心技术是 VirtualRobot。从本质上讲，所有可以在实际示教台上进行的工作都可以在虚拟示教台（QuickTeach）上完成，因而是一种非常出色的教学和培训工具。

7）事件表。一种用于验证程序的结构与逻辑的理想工具。程序执行期间，可通过该工具直接观察工作单元的 I/O 状态。可将 I/O 连接到仿真事件，实现工位内机器人及所有设备的仿真。该功能是一种十分理想的调试工具。

8）碰撞检测。碰撞检测功能可避免设备碰撞造成的严重损失。选定检测对象后，RobotStudio 可自动监测并显示程序执行时这些对象是否会发生碰撞。

9）VBA 功能。可采用 VBA 改进和扩充 RobotStudio 功能，根据用户具体需要开发功能强大的外接插件、宏，或定制用户界面。

10）直接上传和下载。整个机器人程序无需任何转换便可直接下载到实际机器人系统，该功能得益于 ABB 独有的 VirtualRobot 技术。

RobotStudio 的缺点：

只支持 ABB 品牌机器人，机器人间的兼容性很差。

1.3.1 RobotStudio 软件安装

1）直接从 ABB 官网上下载 RobotStudio 安装包，下载完成后解压，进入解压文件夹，找到 Setup.exe，双击进行安装。安装语言选择"中文（简体）"，如图 1-15、图 1-16 所示。

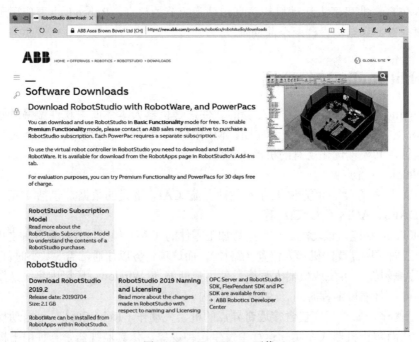

图 1-15　RobotStudio 下载

2）单击"下一步"，选择"我接受许可证协议中的条款"，并单击"下一步"，如图 1-17、图 1-18 所示。

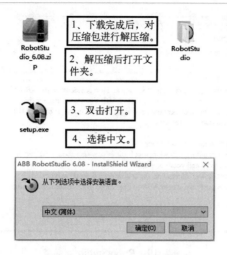

图 1-16 RobotStudio 安装 1

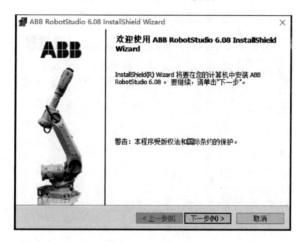

图 1-17 RobotStudio 安装 2

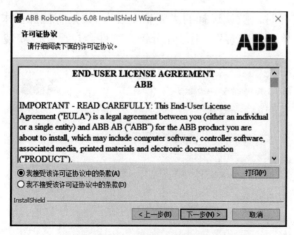

图 1-18 RobotStudio 安装 3

3）单击选择"接受"，接受该隐私申明，如果无必要，不建议更改安装文件夹，单击
"下一步"，如图 1-19、图 1-20 所示。

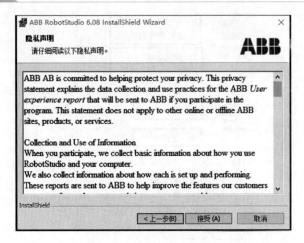

图 1-19　RobotStudio 安装 4

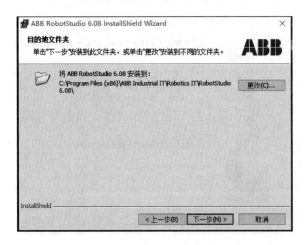

图 1-20　RobotStudio 安装 5

4）在安装类型选择时，默认选择的"完整安装"，如果有特殊需求的可自定义。选择完成后单击"下一步"，单击"安装"。稍等几分钟，软件会自己完成安装，如图 1-21 所示。

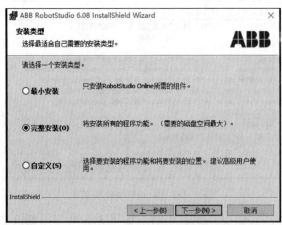

图 1-21　RobotStudio 安装 6

为了确保 RobotStudio 软件能够正确安装，请注意以下事项：

1）计算机配置建议见表 1-1。

表 1-1 计算机系统配置

硬件	要求
CPU	2.0GHz 及以上多核心处理器
内存	32 位　3GB 及以上 64 位　8GB 及以上
硬盘	空闲 10GB 以上，推荐 SSD
显卡	推荐支持 DirectX11 的高性能显卡
显示器	推荐 1920×1080 及以上
操作系统	Windows7 SP1 或以上

2）操作系统中的防火墙或第三方安全软件可能会造成 RobotStudio 的不正常运行，安装的过程中建议关闭防火墙或第三方安全软件。

1.3.2　RobotStudio 软件界面

1）文件功能选项卡，包含创建新工作站、创建新机器人系统、连接到控制器、将工作站另存为、帮助、RobotStudio 选项等内容，如图 1-22 所示。

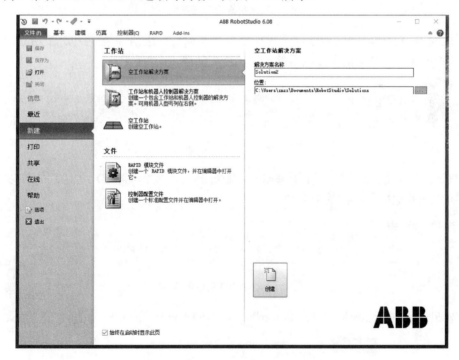

图 1-22　文件功能选项卡

2）基本功能选项卡，包含搭建工作站、创建系统、路径编程和摆放物体所需的控件，如图 1-23 所示。

图 1-23　基本功能选项卡

3）建模功能选项卡，包含创建和分组工作站组件、创建实体、测量以及其他 CAD 操作所需的控件，如图 1-24 所示。

图 1-24　建模功能选项卡

4）仿真功能选项卡，包含创建、信号分析、控制、监控和记录仿真所需的控件，如图 1-25 所示。

图 1-25　仿真功能选项卡

5）控制器功能选项卡，包含用于虚拟控制器（VC）的同步、配置和分配给它的任务控制措施，还包含用于管理真实控制器的控制功能，如图 1-26 所示。

图 1-26　控制器功能选项卡

6）RAPID 功能选项卡，包含 RAPID 编辑器的功能、RAPID 文件的管理以及用于 RAPID 编程的其他控件，如图 1-27 所示。

图 1-27　RAPID 功能选项卡

7）Add-Ins 功能选项卡，包含 PowerPacs 和 VSTA 的相关控件，如图 1-28 所示。

图 1-28　Add-Ins 功能选项卡

思考与练习

1. 常用的工业机器人离线编程软件有哪些？各有什么优缺点？
2. 工业机器人的坐标系有哪些？各自有什么作用？
3. 完成 RobotStudio 软件的安装，并熟悉其界面。

第2章　激光切割工业机器人的离线编程

◆ **学习目标**

1. 学会工业机器人工作站的布局及系统创建方法。
2. 学会创建工业机器人坐标系的方法。
3. 学会创建工业机器人轨迹曲线及轨迹曲线路径的方法。
4. 学会调整示教机器人的目标点的方法。
5. 学会正确使用机器人离线编程辅助工具。
6. 了解离线轨迹编程的关键点。

◆ **任务描述**

利用 RobotStudio 自动路径功能，自动生成机器人激光切割的运行轨迹（图 2-1 中工件的边缘轨迹）。

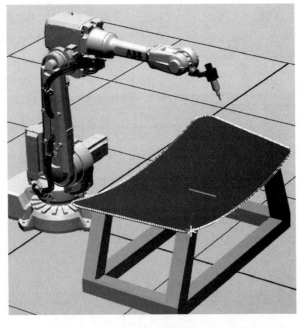

激光切割
工作站动画

激光切割工作
站文件下载

图 2-1　机器人激光切割的运行轨迹路径

2.1　知识储备——系统模型构建

2.1.1　工业机器人系统的布局

基本的工业机器人工作站包含工业机器人及工作对象。下面，我们通过实例来进行机器人工作站布局的学习。

1. 导入机器人

创建一个机器人工作站，首先要导入一个机器人，导入机器人的步骤见表2-1。

表2-1　导入机器人的步骤

步骤	图例
在"文件"功能选项卡中，选择"新建"，单击"创建"或双击"空工作站"，创建一个新的空工作站	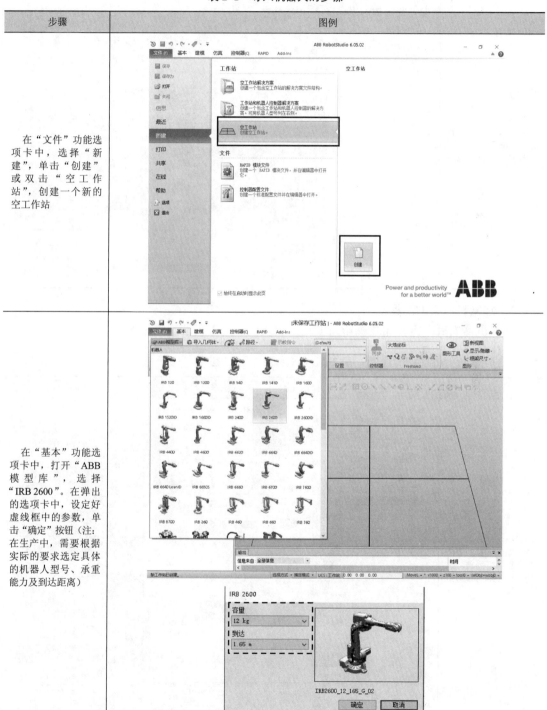
在"基本"功能选项卡中，打开"ABB模型库"，选择"IRB 2600"。在弹出的选项卡中，设定好虚线框中的参数，单击"确定"按钮（注：在生产中，需要根据实际的要求选定具体的机器人型号、承重能力及到达距离）	

（续）

步骤	图例
调整工作站视图。 平移：Ctrl+鼠标左键。 视角：Ctrl+Shift+鼠标左键。 缩放：滚动鼠标中间滚轮	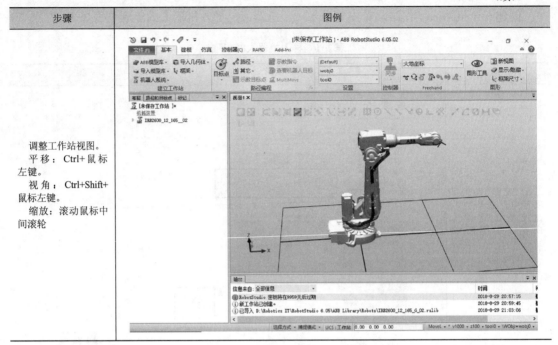

2. 加载机器人的工具

导入机器人后，需要加载机器人工具，加载机器人工具的步骤见表2-2。

表2-2 加载机器人工具的步骤

步骤	图例
在"基本"功能选项卡中，打开"导入模型库"下拉列表中的"设备"列表，选择"MyTool"模型进行导入	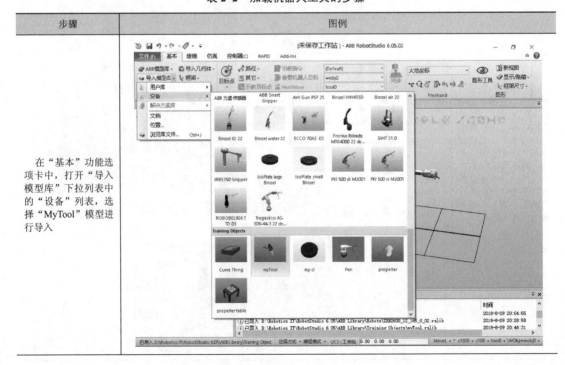

（续）

步骤	图例
在"MyTool"上按住鼠标左键，向上拖动到"IRB2600-12-165-01"后松开左键	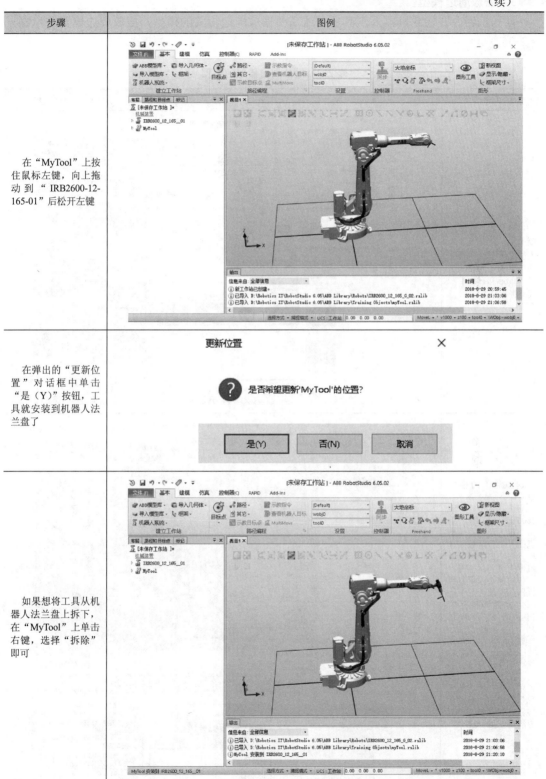
在弹出的"更新位置"对话框中单击"是（Y）"按钮，工具就安装到机器人法兰盘了	
如果想将工具从机器人法兰盘上拆下，在"MyTool"上单击右键，选择"拆除"即可	

3.摆放周边模型

导入机器人并加载机器人工具后,还需要摆放周边相关的模型,摆放周边模型的步骤见表2-3。

表2-3 摆放周边模型的步骤

步骤	图例
在"基本"功能选项卡中,打开"导入模型库"下拉列表中的"设备"列表,选择"Propeller table"模型进行导入	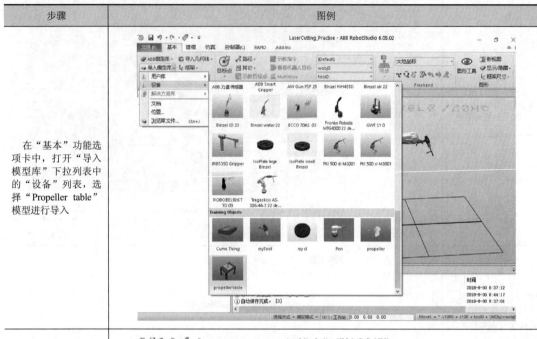
调整导入的模型位置。 首先,选中"IRB-2600-12-165-01",单击右键,选择"显示机器人工作区域"选项。图中白色区域为机器人可到达范围,工作对象必须调整到机器人的最佳工作范围,才能够提高节拍及方便轨迹规划。 接下来,利用"Freehand"工具栏功能对工作对象进行移动。在Freehand工具栏中,选定"大地坐标"并单击"移动"按钮,拖动箭头将对象放到合适的位置	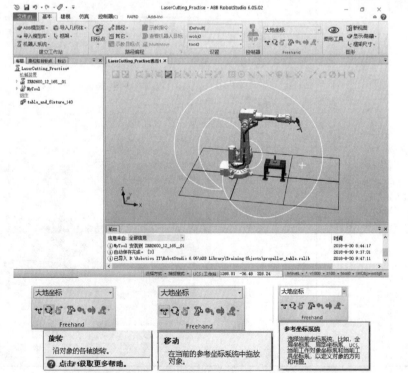

（续）

步骤	图例
在"基本"功能选项卡中，打开"导入模型库"下拉列表中的"设备"列表，选择"Curve Thing"模型进行导入	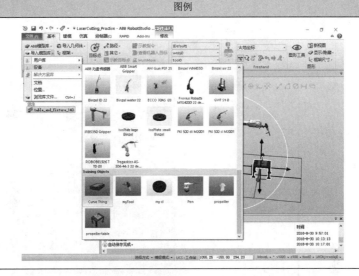
将"Curve Thing"放到小桌子上去。在对象上单击右键，选择"位置"→"放置"→"两点"选项	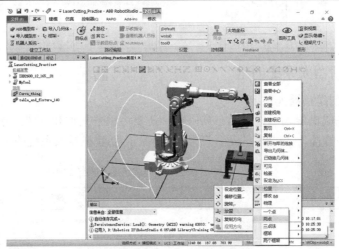
为了能够准确捕捉对象特征，需要正确地选择捕捉工具，如图虚线框所示，将鼠标移动到对应的捕捉工具会显示详细说明。 选中捕捉工具中的"选择部件"和"捕捉末端"。 单击"主点-从"的第一个坐标框，按照图中的顺序单击两个物体对齐的基准点（单击对象点的坐标值会自动显示于坐标框中）：第1点与第2点对齐、第3点与第4点对齐。最后单击"应用"按钮，对象对齐放置到小桌子上	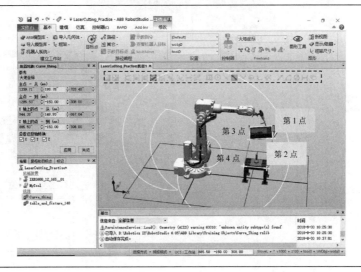

（续）

步骤	图例
	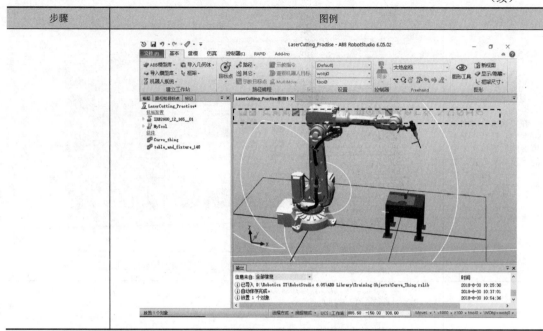

2.1.2　机器人系统创建

1.　创建机器人系统

在完成机器人工作站的布局以后，还要为机器人加载系统，建立虚拟的控制器，使其具有电气的特性，才能够完成相关的仿真操作，创建机器人系统的步骤见表2-4。

表2-4　创建机器人系统的步骤

步骤	图例
在"基本"功能选项卡中，单击"机器人系统"下拉列表中的"从布局…"选项	

（续）

步骤	图例
设置系统名称与保存位置，完成后，选择系统的机械装置，然后单击"下一个"按钮	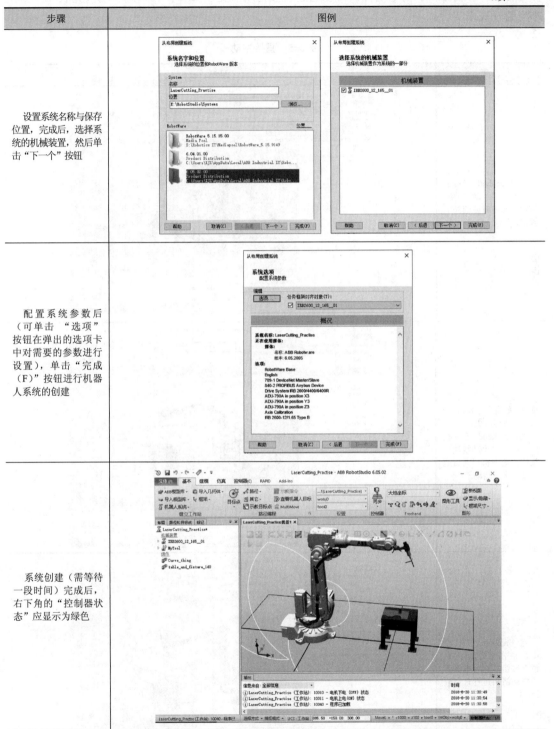
配置系统参数后（可单击 "选项"按钮在弹出的选项卡中对需要的参数进行设置），单击"完成（F）"按钮进行机器人系统的创建	
系统创建（需等待一段时间）完成后，右下角的"控制器状态"应显示为绿色	

2. 机器人手动操作

在 RobotStudio 中，可让机器人手动运动到达需要的位置。手动操作共有三种方式：手动关节、手动线性和手动重定位，可以通过直接拖动（见表 2-5）和精确手动（见表 2-6）两种控制方式来实现。

表 2-5 直接拖动

步骤	图例
在 Freehand 工具栏中，单击"手动关节"按钮，选中对应的关节轴进行运动	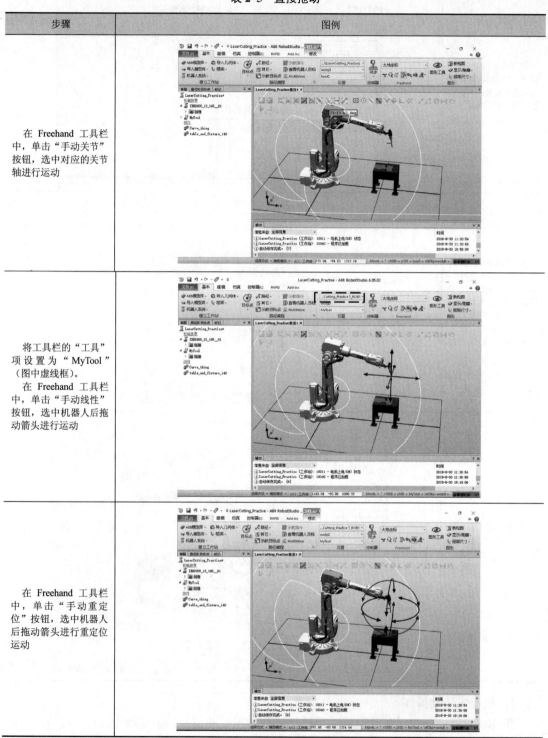
将工具栏的"工具"项设置为"MyTool"（图中虚线框）。 在 Freehand 工具栏中，单击"手动线性"按钮，选中机器人后拖动箭头进行运动	
在 Freehand 工具栏中，单击"手动重定位"按钮，选中机器人后拖动箭头进行重定位运动	

表 2-6 精确手动

步骤	图例
将工具栏的"工具"项设置为"MyTool"。 在"IRB2600-12-165-01"上单击右键,在菜单列表中选择"机械装置手动关节"选项	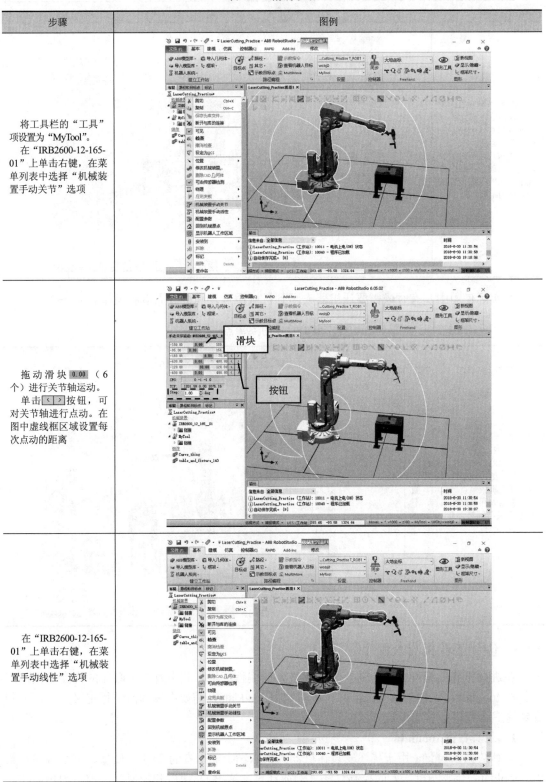
拖动滑块 0.00 (6个)进行关节轴运动。 单击 〈 〉 按钮,可对关节轴进行点动。在图中虚线框区域设置每次点动的距离	
在"IRB2600-12-165-01"上单击右键,在菜单列表中选择"机械装置手动线性"选项	

（续）

步骤	图例
直接输入坐标值，使机器人到达指定位置。 拖动滑块（6 个）进行关节轴运动。 单击按钮，可对关节轴进行点动。在图中虚线框对应的区域设置每次点动的距离	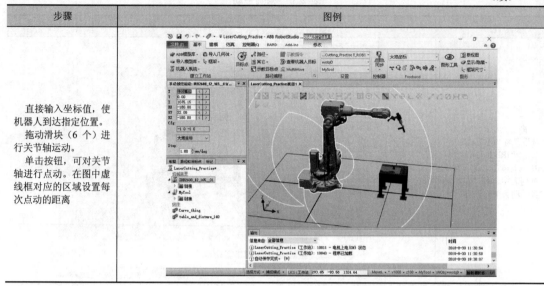

在实际使用中，有时候需要让机器人回到机械原点，回机械原点的操作见表 2-7。

表 2-7 回机械原点

步骤	图例
在"IRB2600-12-165-01"上单击右键，在菜单列表中选择"回到机械原点"选项。图中的机器人回到机械原点，不是 6 个关节轴都为 0°，轴 5 会在 30°位置	

2.1.3 创建工业机器人程序数据

在进行正式的编程之前，需要构建起必要的编程环境，其中有三个必需的程序数据：工具数据 tooldata、工件坐标 wobjdata、载荷数据 loaddata，需要在编程前进行定义，下面分别介绍这三个程序数据的设定方法。

1. 工具数据 tooldata

工具数据 tooldata 用于描述安装在机器人第六轴上的工具的 TCP、质量、重心等参数数据。tooldata 会影响机器人的控制算法（例如计算加速度）、速度和加速度监控、力矩监控、碰撞监控、能量监控等，因此机器人的工具数据需要正确设置。

一般来说，不同的机器人应用时会配备不同的工具，比如：弧焊的机器人使用弧焊枪作为工具，用于搬运板的机器人会使用吸盘式的夹具作为工具，如图2-2所示。

图2-2　机器人工具

所有机器人在手腕处都有一个预定义的工具坐标系，该坐标系被称为 tool0。这样就能将一个或者多个新工具坐标系定义为 tool0 的偏移值。

TCP（Tool Center Point）就是工具的中心点。默认工具（tool0）的中心点位于机器人安装法兰的中心，如图 2-3 所示。执行程序时，机器人将 TCP 移至编程位置，这意味着，如果要更改工具及工具坐标系，机器人的移动将随之更改，以便新的 TCP 到达目标。

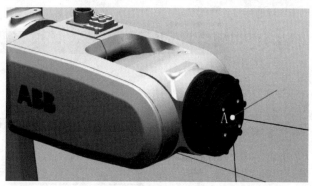

图2-3　默认工具 TCP 点

TCP 的设定方法包括 N（$N \geqslant 3$）点法、TCP 和 Z 法、TCP 和 Z，X 法。

1）N（$N \geqslant 3$）点法：机器人的 TCP 通过 N 种不同的姿态同参考点接触，得出多组解，通过计算得出当前 TCP 与机器人安装法兰中心点（Tool0）相应位置，其坐标系方向与 Tool0 一致。

2）TCP 和 Z 法：在 N 点法基础上，Z 点与参考点连线为坐标系 Z 轴的方向。

3）TCP 和 Z，X 法：在 N 点法基础上，X 点与参考点连线为坐标系 X 轴的方向，Z 点与参考点连线为坐标系 Z 轴的方向。

设定工具数据 tooldata 的方法通常采用 TCP 和 Z，X 法（N=4）。TCP 的设定原理为：

1）在机器人工作范围内找一个非常精确的固定点作为参考点；

2）在工件上确定一个参考点（最好是工具的中心点）；

3）用手动操纵机器人的方法，去移动工具上的参考点，以四种以上不同的机器人姿态尽可能与固定点刚好碰上。为了获得更准确的 TCP，在以下的例子中使用六点法进行操作，第四点是用工具的参考点垂直于固定点，第五点是工具参考点从固定点向将要设定为 TCP 的 X 方向移动，第六点是工具参考点从固定点向将要设定为 TCP 的 Z 方向移动；

4）机器人通过这四个位置点的位置数据计算求得 TCP 的数据，然后 TCP 的数据就保存在 tooldata 这个程序数据中被程序进行调用。前三个点的姿态相差尽量大些，这样有利于 TCP 精度的提高。

以 TCP 和 Z，X 法（N=4）建立一个新的工具数据 tool1 的操作步骤见表 2-8。

表 2-8　创建工具数据

步骤	图例
打开 ABB 虚拟示教器主菜单，选择"手动操作"，再选择"工具坐标"	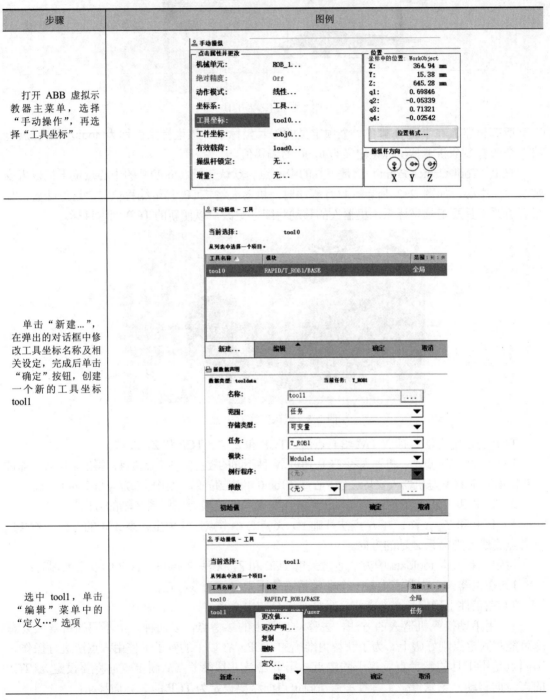
单击"新建…"，在弹出的对话框中修改工具坐标名称及相关设定，完成后单击"确定"按钮，创建一个新的工具坐标 tool1	
选中 tool1，单击"编辑"菜单中的"定义…"选项	

（续）

步骤	图例
选择"TCP 和 Z, X"，点数 N=4 来设定 TCP	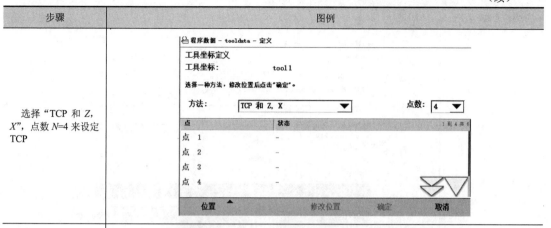
选择合适的手动操纵模式，按下使能键，操作摇杆使工具参考点靠近固定点，作为第一个点。 单击"修改位置"按钮，将点 1 的位置记录下来	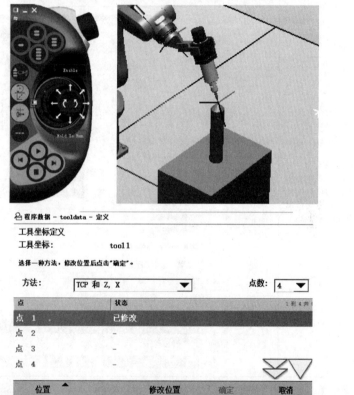
按照同样的操作步骤依次完成对点 2、3、4 的修改。 注：对点 4 进行操作时，尽可能使工具保持竖直，方便后面的操作	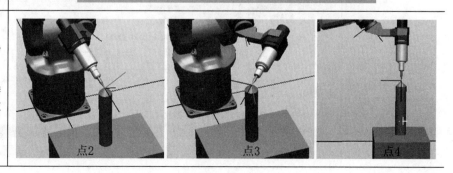

（续）

步骤	图例
	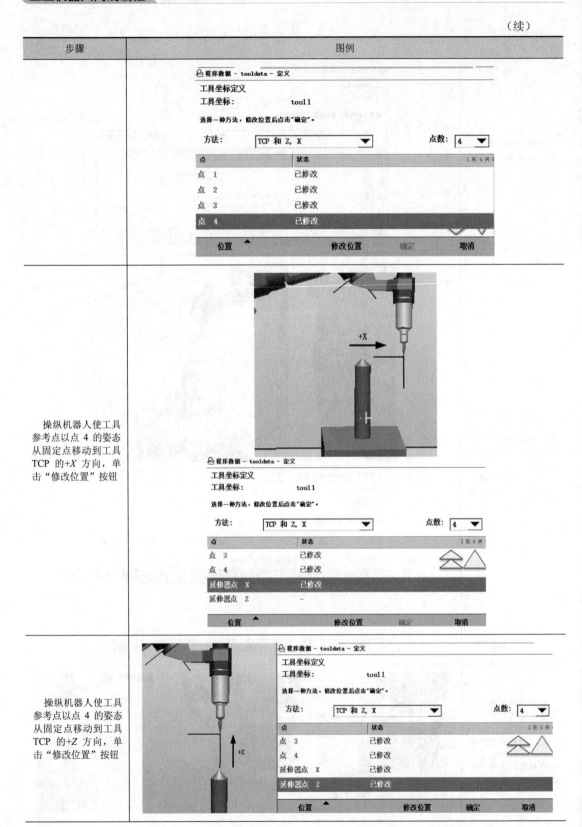
操纵机器人使工具参考点以点 4 的姿态从固定点移动到工具 TCP 的+X 方向，单击"修改位置"按钮	
操纵机器人使工具参考点以点 4 的姿态从固定点移动到工具 TCP 的+Z 方向，单击"修改位置"按钮	

（续）

步骤	图例
单击"确定"按钮完成位置修改。对误差进行确认，越小越好，但也要以实际验证效果为准	**程序数据 - tooldata - 定义** 工具坐标定义 工具坐标： tool1 选择一种方法，修改位置后点击"确定"。 方法： TCP 和 Z, X ▼ 点数： 4 ▼ 点 状态 1到6共 点 3 已修改 点 4 已修改 延伸器点 X 已修改 延伸器点 Z 已修改 位置 ▲ 修改位置 确定 取消 **程序数据 - tooldata - 定义 - 工具坐标定义** 计算结果 工具坐标： tool1 点击"确定"确认结果，或点击"取消"重新定义源数据。 1到6共1 方法 ToolXZ 最大误差 0.2813099 毫米 最小误差 0.01760505 毫米 平均误差 0.1076218 毫米 X： 31.8064 毫米 Z： 0.01997484 毫米 确定 取消
选中"tool1"，然后打开编辑菜单选择"更改值"选项	**手动操纵 - 工具** 当前选择： tool1 从列表中选择一个项目。 工具名称 ▲ 模块 范围 1到2共 tool0 RAPID/T_ROB1/BASE 全局 tool1 RAPID/T_ROB1/user 任务 　更改值… 　更改声明… 　复制 　删除 　定义… 新建… 编辑 ▼ 确定 取消
在 tool1 的更改值菜单中，单击箭头向下翻页，根据实际情况设定工具的质量 mass（单位 kg）和重心位置数据（基于 tool0 的偏移值，单位为 mm），然后单击"确定"按钮。 选中 tool1，单击"确定"按钮，完成 tool1 数据的更改	**编辑** 名称： tool1 点击一个字段以编辑值。 名称 值 数据类型 12到17共26 q4 := -0.0189711 num tload: [2,[0,0,0],[1,0,0,0],... loaddata mass := 2 num cog: [0,0,0] pos x := 0 num y := 0 num 撤消 确定 取消

（续）

步骤	图例
	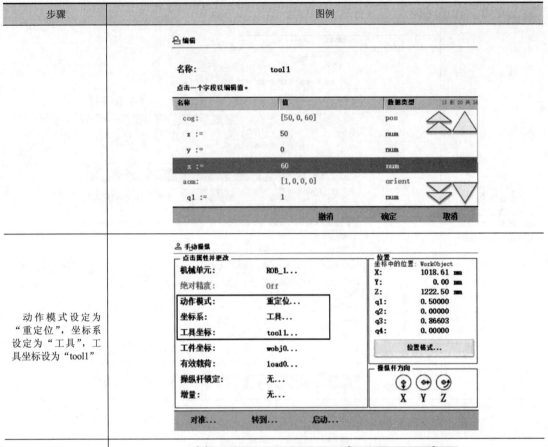
动作模式设定为"重定位"，坐标系设定为"工具"，工具坐标设为"tool1"	
使用摇杆将工具参考点靠上固定点，然后在重定位模式下手动操作机器人，如果TCP设定正确，可看到工具参考点与固定点始终保持接触，而机器人会根据重定位操作改变姿态	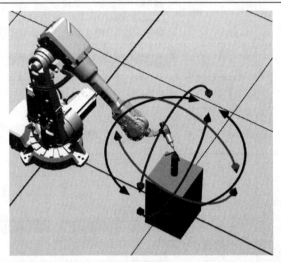

    对于用来搬运的夹具，其工具数据设定一般采用 TCP 和 Z 法进行。此方法的本质是使新建的工作坐标的 TCP 沿着 tool0 的 Z 轴方向偏移设定的距离。ABB 机器人默认的 tool0 的方向是 Y 轴方向同大地坐标的 Y 轴同向，Z 轴方向是垂直于法兰盘表面向外侧，并且 X、Y、Z 的方向符合右手定则。

2．工件数据 wobjdata

工件数据 wobjdata 对应工件，它定义工件相对于大地坐标（或其他坐标）的位置。机器人可以有若干工件坐标系，或者表示不同工件，或者表示同一工件在不同位置的若干副本。

对机器人进行编程时就是在工件坐标中创建目标和路径。这带来很多优点：

1）重新定位工作站中的工件时，只需更改工件坐标的位置，所有路径将即刻随之更新。

2）允许操作以外轴或传送链移动的工件，因为整个工件可连同其路径一起移动。

创建工件数据 wobjdata 的步骤见表 2-9。

表 2-9　创建工件数据

步骤	图例
打开 ABB 虚拟示教器主菜单，选择"手动操作"，再选择"工件坐标"	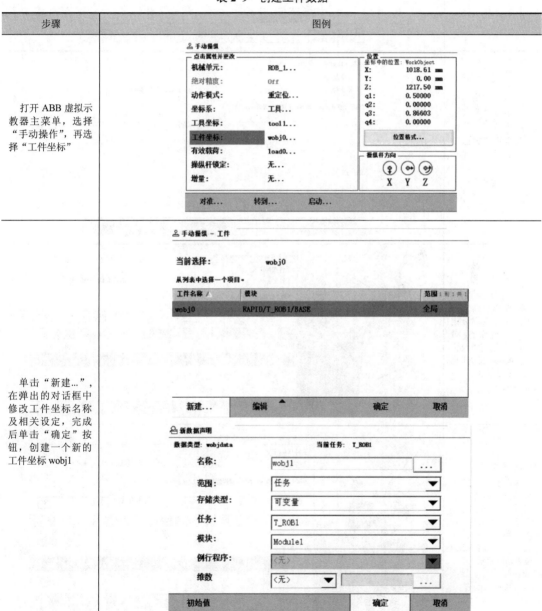
单击"新建…"，在弹出的对话框中修改工件坐标名称及相关设定，完成后单击"确定"按钮，创建一个新的工件坐标 wobj1	

（续）

步骤	图例
选中 wobj1，单击"编辑"菜单中的"定义…"选项	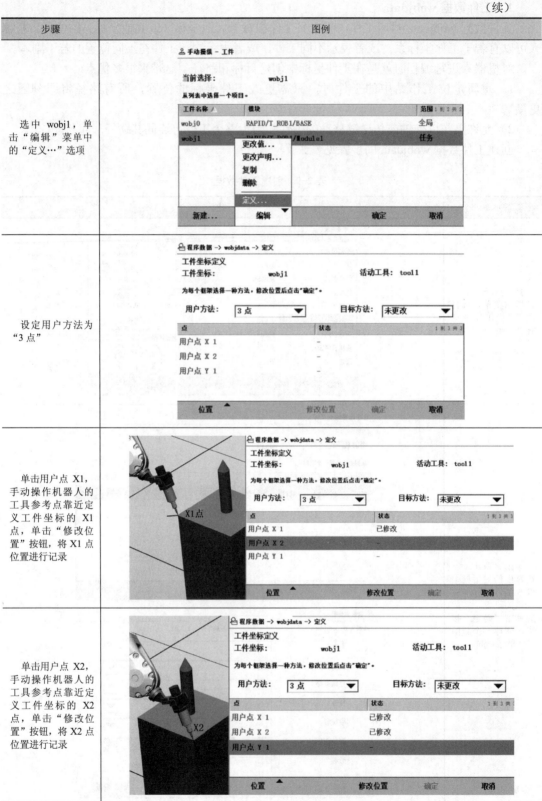
设定用户方法为"3 点"	
单击用户点 X1，手动操作机器人的工具参考点靠近定义工件坐标的 X1 点，单击"修改位置"按钮，将 X1 点位置进行记录	
单击用户点 X2，手动操作机器人的工具参考点靠近定义工件坐标的 X2 点，单击"修改位置"按钮，将 X2 点位置进行记录	

（续）

步骤	图例
单击用户点 Y1，手动操作机器人的工具参考点靠近定义工件坐标的 Y1 点，单击"修改位置"按钮，将 Y1 点位置进行记录	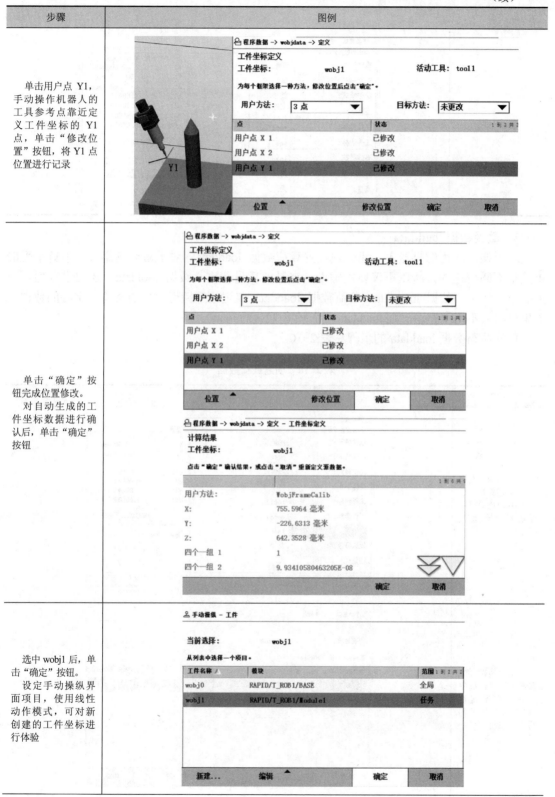
单击"确定"按钮完成位置修改。 对自动生成的工件坐标数据进行确认后，单击"确定"按钮	
选中 wobj1 后，单击"确定"按钮。 设定手动操纵界面项目，使用线性动作模式，可对新创建的工件坐标进行体验	

（续）

步骤	图例
	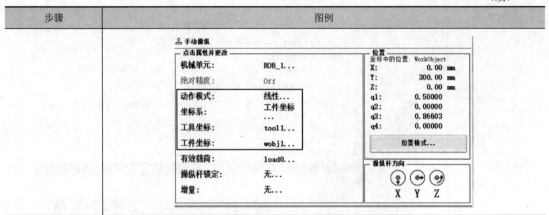

3．载荷数据 loaddata

对于搬运应用的机器人，还必须设置载荷数据 loaddata。对于搬运机器人，手臂承受的重量是不断变化的，所以不仅要正确设定夹具的质量和重心数据 tooldata，还要设置搬运对象的质量和重心数据 loaddata。载荷数据 loaddata 就记录了搬运对象的质量、重心的数据。如果机器人不用于搬运，则 loaddata 设置就是默认的 load0。

创建载荷数据 loaddata 的步骤见表 2-10。

表 2-10　创建载荷数据

步骤	图例
打开 ABB 虚拟示教器主菜单，选择"手动操作"，再选择"有效载荷"	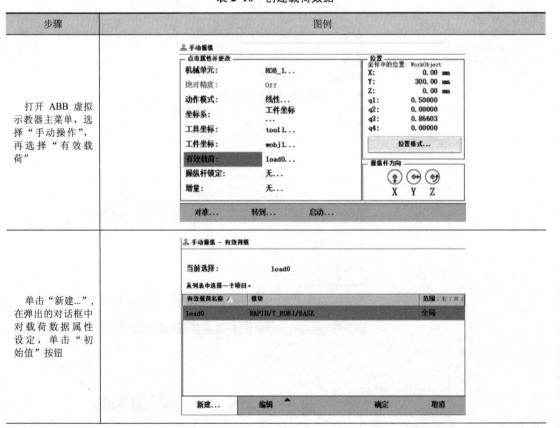
单击"新建…"，在弹出的对话框中对载荷数据属性设定，单击"初始值"按钮	

（续）

步骤	图例
根据实际情况对有效载荷的数据进行设定，设定完成后，单击"确定"按钮	
返回数据声明界面，然后单击"确定"按钮	
在 RAPID 编程中，需要根据实际情况对有效载荷进行实时调整	

2.2 任务实施——激光切割机器人编程与仿真

2.2.1 创建机器人离线轨迹曲线及路径

与真实的工业机器人一样，在 RobotStudio 中工业机器人的运动轨迹也是通过 RAPID 程序指令进行控制的。下面我们学习如何在 RobotStudio 中创建工业机器人的轨迹路径。

在 RobotStudio 中生成的轨迹也可以下载到真实机器人中运行。

在工业机器人轨迹应用过程中，如切割、涂胶、焊接等，经常需要处理一些不规则曲线，通常采用描点法，即根据工艺精度要求去示教相应数量的目标点，从而生成机器人的轨迹。这种方法费时又费力，还不容易保证精度。图形化编程是根据 3D 模型的曲线特征自动转换成机器人的运行轨迹。此方法省时又省力，而且容易保证轨迹精度。

1. 创建机器人激光切割曲线

解压工作站 Laser Cutting，解压后如图 2-4 所示。

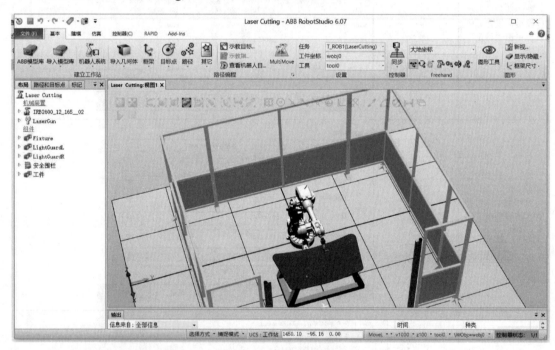

图 2-4　激光切割工作站

在任务中，以激光切割为例，机器人需要沿着工件的外边缘进行切割，需要根据三维模型曲线特征，利用 RobotStudio 自动路径功能自动生成机器人激光切割的运行轨迹路径，进而完成整个轨迹调试并模拟仿真运行。

创建切割曲线操作过程见表 2-11。

表 2-11 创建切割曲线

步骤	图例
首先，在"建模"功能选项卡中单击"表面边界"； 然后，将"选择工具"选为"表面"； 接下来，选择工件的上表面； 最后，单击"创建"按钮	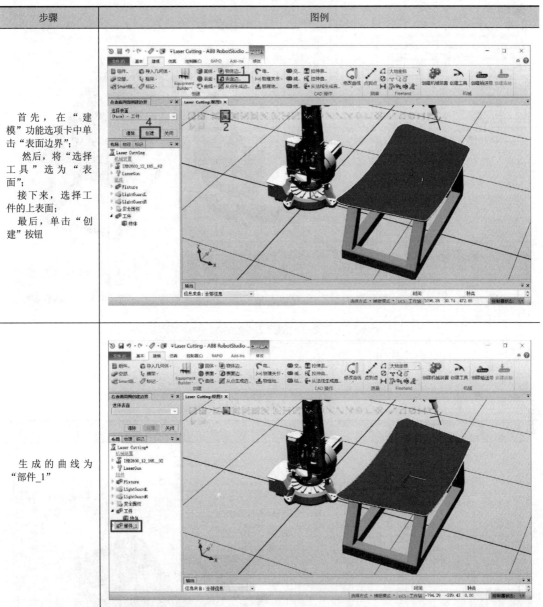
生成的曲线为"部件_1"	

2. 生成机器人激光切割路径

下面，根据生成的 3D 曲线自动生成机器人的运行轨迹。在轨迹的应用过程中，需要创建工件坐标系（也称为用户坐标系）以方便进行编程及路径的修改。

工件坐标系的创建一般是以加工工件的固定装置的特征点为基准。在实际应用中，固定装置上面一般设有定位销，用于保证加工工件与固定装置之间的相对位置精度，建议以定位销为基准来创建工件坐标系。在任务中，要创建如图 2-5 所示的工件坐标系。

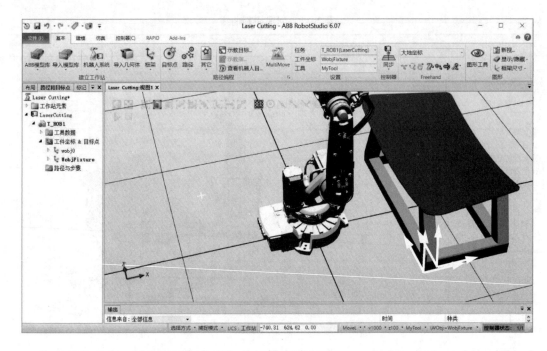

图 2-5　创建工件坐标系

创建工件坐标系的操作过程见表 2-12。

表 2-12　创建工具坐标系

步骤	图例
在"基本"功能选项卡中单击"其它"菜单，选择创建"工件坐标系"选项	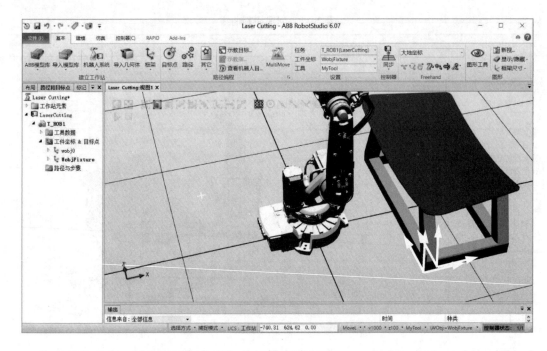

（续）

步骤	图例
首先，将名称修改为"WobjFixture"； 接下来，单击"用户坐标系框架"中的"取点创建框架"	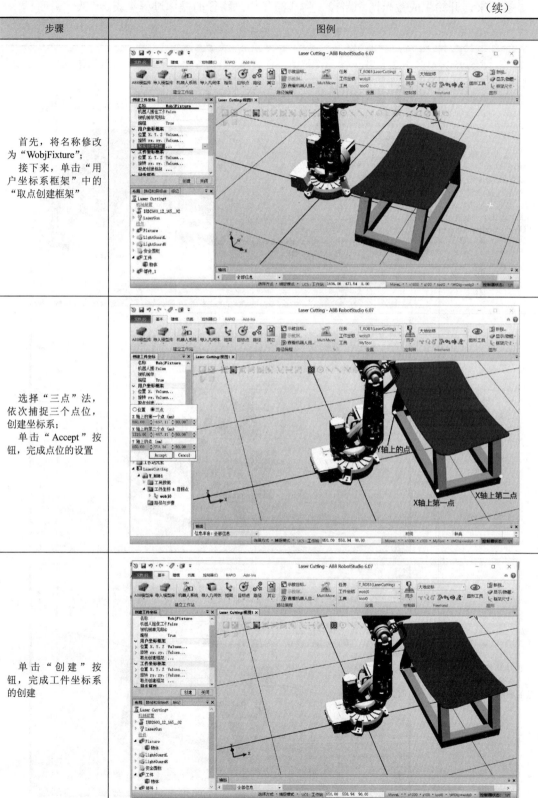
选择"三点"法，依次捕捉三个点位，创建坐标系； 单击"Accept"按钮，完成点位的设置	
单击"创建"按钮，完成工件坐标系的创建	

接下来，开始生成激光切割路径。生成激光切割路径的操作过程见表 2-13。

表 2-13　生成激光切割路径

步骤	图例
将工件坐标设为"WobjFixture"，工具坐标设为"MyTool"； 对运动指令设定兰的内容设为：MoveL v1000 z100 MyTool WObj:=WobjFixture	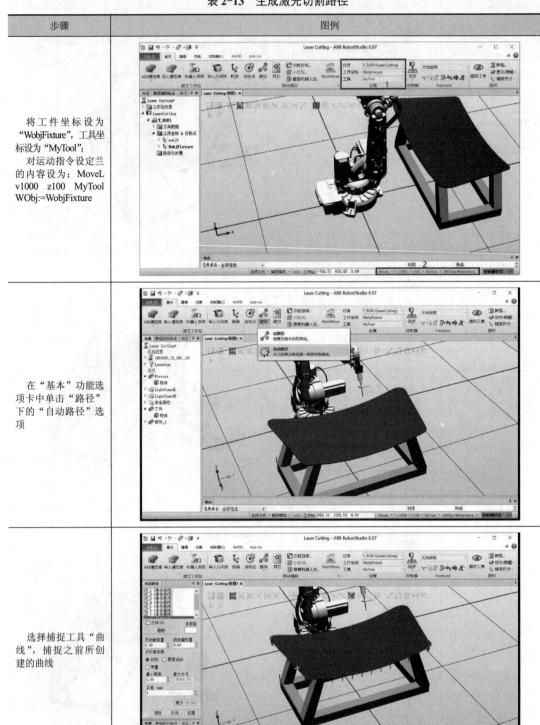
在"基本"功能选项卡中单击"路径"下的"自动路径"选项	
选择捕捉工具"曲线"，捕捉之前所创建的曲线	

（续）

步骤	图例
选择捕捉工具"表面"，在"参照面"框中单击，捕捉工件的上表面	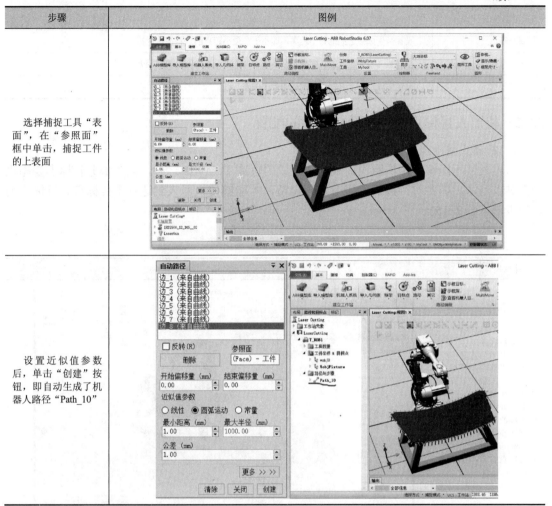
设置近似值参数后，单击"创建"按钮，即自动生成了机器人路径"Path_10"	

"自动路径"对话框中的参数说明：

1）反转：轨迹运行方向置反，默认为顺时针运行，反转则为逆时针运行。

2）参照面：生成的目标点 Z 轴方向与选定表面处于垂直状态。

3）近似值参数：需要不同的曲线特征选择不同类型的近似值参数类型。通常情况下选中"圆弧运动"单选按钮，圆弧运动在处理曲线时，线性部分则执行线性运动，圆弧部分则执行圆弧运动，不规则曲线部分则执行分段式的线性运动。而"线性"和"常量"都是固定的模式，即全部按照选定的模式对曲线进行处理，使用不当则会产生大量的多余点位或路径不满足工艺要求。近似值参数说明见表 2-14。

表 2-14 近似值参数说明

近似值参数的类型	说明
线性	每个目标生成线性指令，圆弧作为分段线性处理
圆弧运动	在曲线的圆弧特征处生成圆弧指令，在线性特征处生成线性指令
常量	生成具有恒定间隔距离的点

（续）

属性值/mm	说明
最小距离	设置两生成点之间的最小距离，即小于该最小距离的点将被过滤掉
最大半径	在将圆弧视为直线前，先确定圆弧的半径大小，直线则视为半径无限大的圆
公差	设置生成点所允许的几何描述的最大偏差

2.2.2 机器人目标点的调整及轴参数的配置

1. 机器人目标点的调整

机器人还不能够直接按照由曲线自动生成的轨迹 Path_10 运行，因为部分目标点姿态机器人难以到达，需要对目标点的姿态进行调整，才能够使机器人到达各个目标点。目标点调整的步骤见表 2-15。

表 2-15 目标点调整步骤

步骤	图例
查看目标点： 在"基本"选项卡中单击"路径和目标点"选项，依次展开"LaserCutting"→"T_ROB1"→"工件坐标＆目标点"→"WobjFixture"→"WobjFixture_of"，就可以查看自动生成的各个目标点	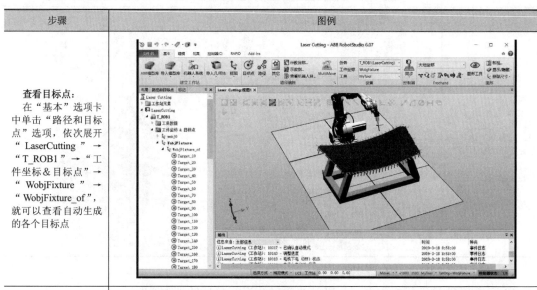
查看工具姿态： 为了在调整目标点的过程中便于查看工具在此姿态下的效果，可以在目标点位置处显示出工具。 选中目标点并单击鼠标右键，在弹出的快捷菜单中选择"查看目标处工具—LaserGun"选项，在轨迹上即显示出工具的姿态	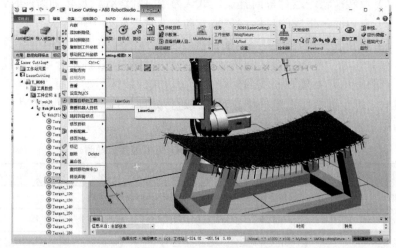

（续）

步骤	图例
通过观察，可以看出机器人达不到图示的姿态，需要改变其工作姿态，才能够使机器人能够到达该目标点。 在该目标点处，只需要使工具绕 Z 轴转 $-90°$ 即可。	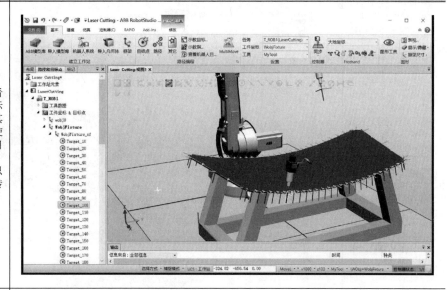
选择目标点并单击鼠标右键，在弹出的快捷菜单中选择"修改目标"→"旋转"选项。 在弹出对话框中进行参数设置：在"参考"下拉列表中选择"本地"，旋转轴选定为"z"，旋转角度设置为"-90"，设置完成后单击"应用"按钮，工具按照设置进行了旋转。 注：旋转的角度应该根据实际情况进行设置	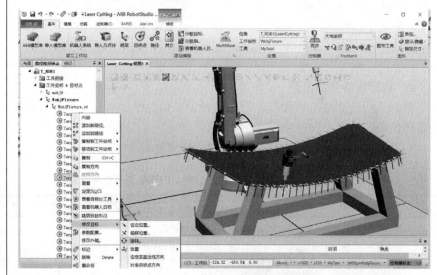 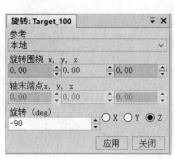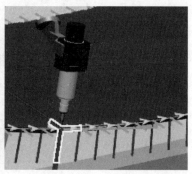

（续）

步骤	图例
对于其他的目标点，可以采用相同的方法进行修改。当需要修改的目标点比较多时，可以进行批处理。 在当前任务中，目标点的 Z 轴方向均为工件表面的法线方向，不需要进行调整，只需要调整各目标点的 X 轴方向即可。 利用\<Shift\>键和鼠标左键选中所有目标点，右键单击选中的目标点，在弹出的快捷菜单中选择"修改目标"→"对准目标点方向"选项。 在弹出的对话框中进行如图所示的设置，完成后单击"应用"按钮，完成所有目标点的姿态调整。 注：此处的"参考"应该选择前面调整过的那一个目标点	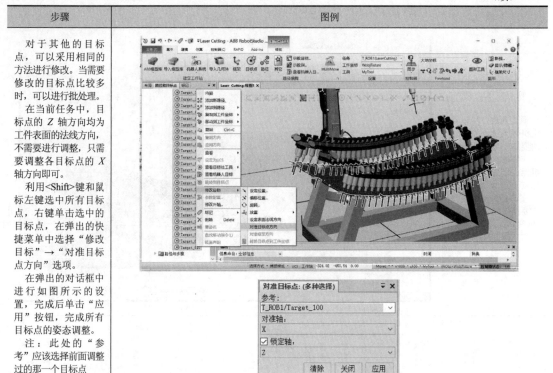

2．轴配置参数的设置

机器人要达到某个目标点，存在多种关节轴的组合情况，即多种轴配置参数，所以需要为自动生成的目标点调整轴配置参数。

1）单个目标点的轴配置参数的配置，步骤见表 2-16。

表 2-16　单个目标点的轴配置参数的配置

步骤	图例
选择目标点并单击鼠标右键，在弹出的快捷菜单中选择"参数配置"选项	

（续）

步骤	图例
如果机器人能够到达当前目标点，在轴配置参数列表中可以查看到该目标点的轴配置参数。 　　选择合适的轴配置参数，单击"应用"按钮，完成轴配置参数的配置	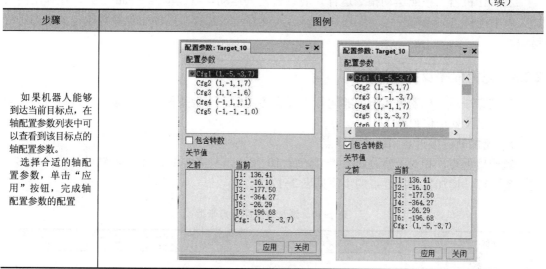

注：选择轴配置参数时，可查看该属性框中"关节值"中的数值，以做参考。

之前为目标点原先配置对应的各关节轴度数。

当前为当前勾选的轴配置所对应的各关节轴度数。

　　因机器人的部分关节轴运动范围超过360°，例如机器人 IRB2600 关节轴 6 的运动范围为-400°至+400°，即范围为800°。则对于同一个目标点位置，假如机器人关节轴 6 为 60°时可以到达，那么关节轴 6 处于-300°时同样也可以到达。若想详细设定机器人到达该目标点时各关节轴的度数，可勾选"包含转数"。

　　2）配置所有目标点的轴配置参数。

　　在路径属性中，可以为所有目标点自动调整轴配置参数。右键单击"Path_10"，在弹出的快捷菜单中选择"自动配置"→"所有移动指令"选项，如图 2-6 所示。

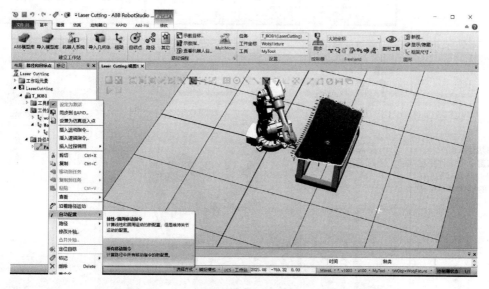

图 2-6 自动配置目标点的轴配置参数

然后让机器人按照运动指令运行，观察机器人运动。右键单击"Path_10"，在弹出的快捷菜单中选择"沿着路径运动"选项，机器人就会沿着路径，以轴配置参数设定的姿态进行运动。

2.2.3 完善程序及仿真运行

轨迹完成后，机器人还不能够运行，程序还需要进一步完善，需要添加轨迹接近点、轨迹离开点以及安全位置点。

1. 增加轨迹接近点和轨迹离开点

轨迹接近点，相对于轨迹起始点 Target_10 来说，只需要将其沿着 Z 轴的负方向偏移一定距离即可。增加轨迹接近点的步骤见表 2-17。

表 2-17 增加轨迹接近点步骤

步骤	图例
复制目标点： 在目标点"Target_10"上单击右键，在弹出的快捷菜单中选择"复制"选项	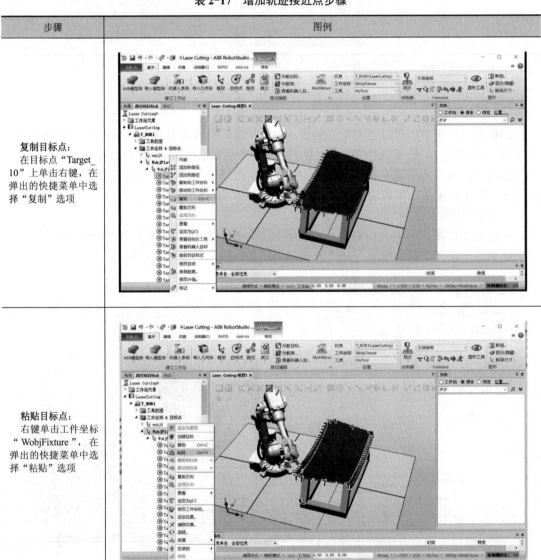
粘贴目标点： 右键单击工件坐标"WobjFixture"，在弹出的快捷菜单中选择"粘贴"选项	

（续）

步骤	图例
修改复制的目标点： 将复制后的点"Target_10_2"更名为"Approach"。 在"Approach"上单击鼠标右键，在弹出的快捷菜单中选中"修改目标"→"偏移位置"选项。 在弹出的"偏移位置"对话框中，将"Translation"中的 z 值设置为"-100"，单击"应用"按钮	
添加复制的目标点至路径： 右键单击目标点"Approach"，在弹出的快捷菜单中选择"添加路径"→"Path_10"→"第一"选项，将"WobjFixture"中增加的点添加到路径中	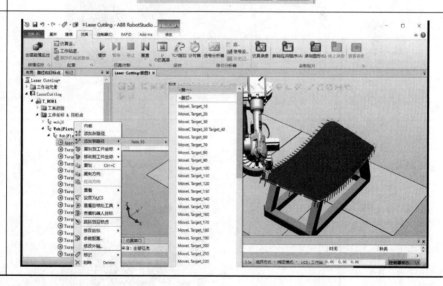

添加轨迹离开点 Depart 的方法，参考上述步骤。复制轨迹的最后一个目标点，偏移调整后，添加至路径的最后一行。

2. 增加安全位置点

安全位置点 Home，是机器人开始激光切割之前要到达的一个点，此处将机器人的默认原点作为机器人的安全位置点。增加安全位置点的步骤见表2-18。

表 2-18　增加安全位置点步骤

步骤	图例
机器人回机械原点： 在"布局"选项卡中，右键单击"IRB2600_12_165__02"，在弹出的快捷菜单中选择"回到机械原点"选项，让机器人回到机械原点	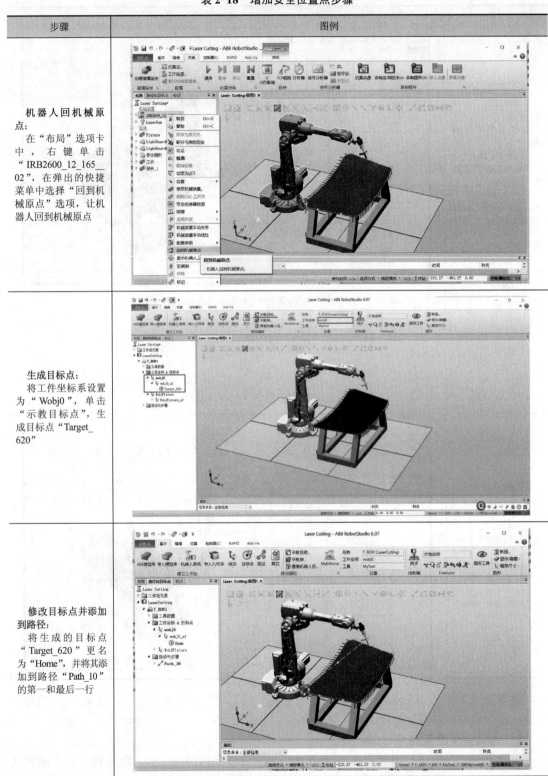
生成目标点： 将工件坐标系设置为"Wobj0"，单击"示教目标点"，生成目标点"Target_620"	
修改目标点并添加到路径： 将生成的目标点"Target_620"更名为"Home"，并将其添加到路径"Path_10"的第一和最后一行	

（续）

步骤	图例
编辑运动参数： 在"Path_10"中右键单击"MoveL Home"，在弹出的快捷菜单中选择"编辑指令"选项，在弹出的对话框中对参数进行修改，修改完后单击"应用"按钮	 

对于轨迹接近点 Approach 和轨迹离开点 Depart，可参照 Home 点修改其运动参数。指令参考如下设定：

```
MoveJ Home,v300,z20,MyTool\WObj:=wobj0;
MoveJ Approach,v150,z5,MyTool\WObj:=WobjFixture;
MoveL Target_10,v150,fine,MyTool\WObj:=WobjFixture;
…… ……
…… ……
…… ……
MoveC Target_600,Target_610,v150,fine,MyTool\WObj:=WobjFixture;
```

```
MoveJ Depart,v150,z50,MyTool\WObj:=WobjFixture;
MoveJ Home,v300,fine,MyTool\WObj:=wobj0;
```

修改完成后，再次为 Path_10 进行一次轴配置自动调整，路径即能正常运行。

3．将路径同步转换成 RAPID 代码

将路径"Path_10"同步转换成 RAPID 代码的步骤见表 2-19。

表 2-19　同步到 RAPID 步骤

步骤	图例
在"基本"选功能项卡下的"同步"菜单中单击"同步到 RAPID"选项	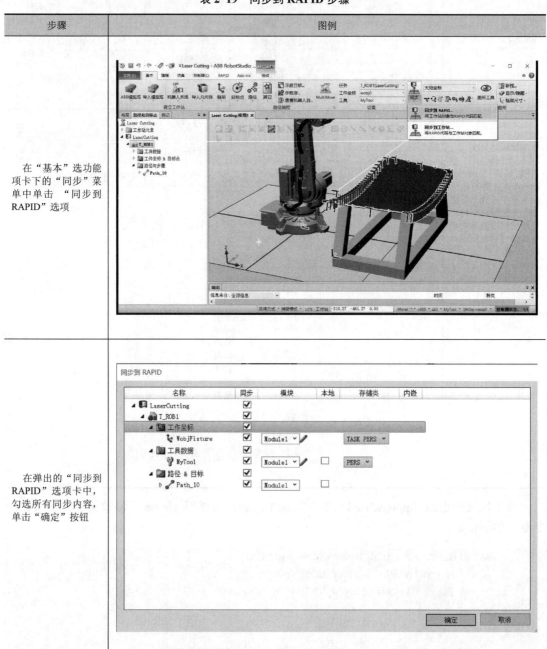
在弹出的"同步到 RAPID"选项卡中，勾选所有同步内容，单击"确定"按钮	

4．仿真设定

仿真设定的步骤见表2-20。

表2-20 仿真设定的步骤

步骤	图例
在"仿真"功能选项卡中单击 "仿真设定"按钮	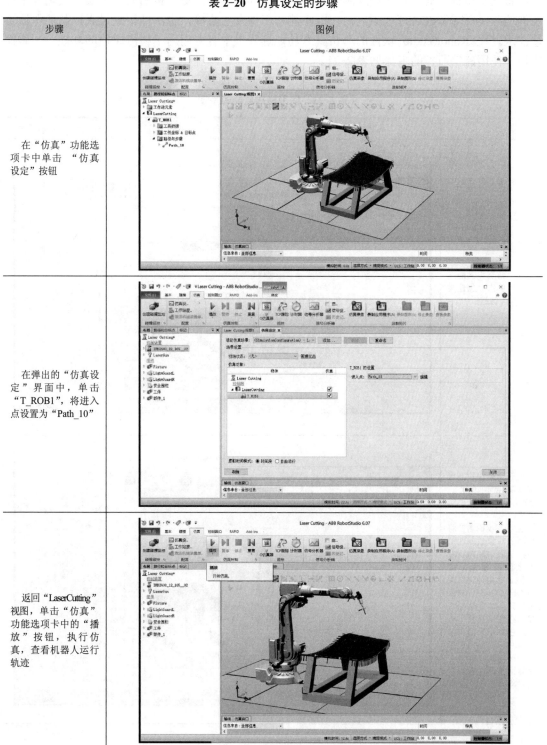
在弹出的"仿真设定"界面中，单击"T_ROB1"，将进入点设置为"Path_10"	
返回"LaserCutting"视图，单击"仿真"功能选项卡中的"播放"按钮，执行仿真，查看机器人运行轨迹	

2.2.4 碰撞检查

模拟仿真的一个重要任务是验证轨迹的可行性，即验证机器人在运行过程中是否会与周边设备发生碰撞。此外在轨迹应用过程中，例如焊接、切割等，机器人工具实体尖端与工件表面的距离需保证在合理范围之内，既不能与工件发生碰撞，也不能距离过大，从而保证工艺需求。在 RobotStudio 软件的"仿真"功能选项卡中有专门用于检测碰撞的功能——碰撞监控。使用碰撞监控的步骤见表 2-21。

表 2-21　使用碰撞监控的步骤

步骤	图例
在"仿真"功能选项卡中单击"创建碰撞监控"按钮	
展开"碰撞检测设定_1"，显示 ObjectsA 和 ObjectsB 两组对象。 说明：我们需要将检测的对象放入两组中，从而检测两组对象之间的碰撞。当 ObjectsA 内任何对象与 ObjectsB 任何对象发生碰撞，此碰撞将显示在图形视图里并记录在输出窗口内。可以在工作站内设置多个碰撞集，但每一个碰撞集只能包含两组对象	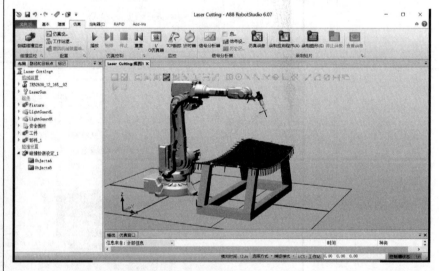

（续）

步骤	图例
在布局窗口中，将"LaserGun"拖放到ObjectsA 组中，将"工件"拖放到ObjectsB 组中。 说明：要将检测对象放入到两组中，只要在布局窗口中使用鼠标左键选中需要检测的对象，不要松开左键，将其拖放到对应的组别中即可	
右键单击"碰撞检测设定_1"，在弹出的快捷菜单中选择"修改碰撞监控"选项，弹出"修改碰撞设置：碰撞检测设定_1"对话框	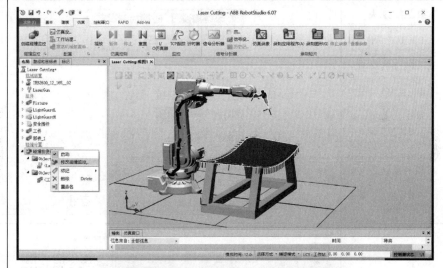
参数含义： 接近丢失：当选择的两组对象之间的距离小于该数值时，则有颜色提示 碰撞颜色：当选择的两组对象之间发生碰撞时，显示此颜色	

（续）

步骤	图例
先不设定接近丢失，利用手动拖动的方式，拖动机器人与工件发生碰撞，查看碰撞效果	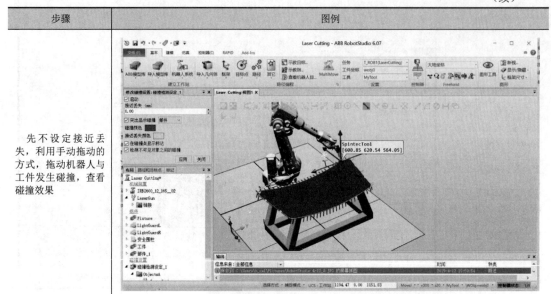
设定接近丢失： 在本任务中，机器人工具 TCP 的位置相对于工具的实体尖端，是沿着其 Z 轴正方向偏移了 5mm，在"接近丢失"中设定 6mm，则机器人在执行整体轨迹的过程中，可监控机器人工具与工件之间的距离是否过远，若过远则不显示接近丢失颜色。 设置完成后，单击"应用"按钮	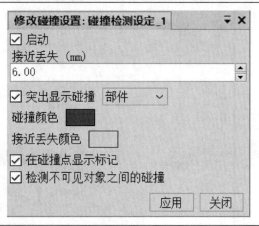
执行仿真： 注意观察：当接近工件时，工件和工具都是初始颜色，而当开始执行加工工件表面时，工具和工件则显示接近丢失颜色。显示此颜色表明机器人在运行该轨迹的过程中，工具既未与工件距离过远，又未与工件发生碰撞	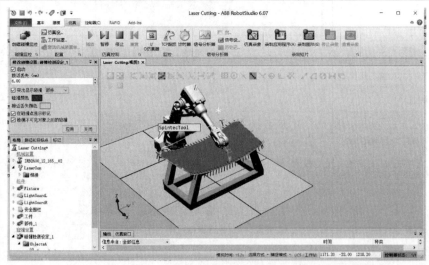

2.2.5 机器人TCP跟踪功能

机器人执行完运动后，需要对机器人轨迹进行分析，分析机器人轨迹是否满足需求。在机器人运行过程中，可以监控 TCP 的运动轨迹以及运动速度，以便分析时使用。

关闭碰撞监控，右键单击"碰撞检测设定 1"，在弹出的快捷菜单中选择"修改碰撞监控"选项，弹出"修改碰撞设置：碰撞检测设定_1"对话框（如图 2-7 所示），在对话框中取消勾选"启动"复选框，单击应用。

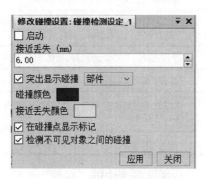

图 2-7　关闭碰撞监控设置

单击"仿真"选项卡中的"TCP 跟踪"按钮，打开"TCP 跟踪"对话框，如图 2-8 所示。

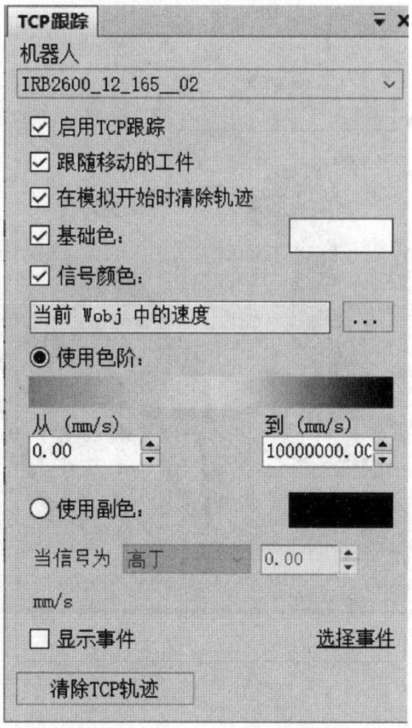

图 2-8　TCP 跟踪选项

"TCP 跟踪"选项卡参数说明见表 2-22。

表 2-22 "TCP 跟踪"选项卡参数说明

参　数	说　明
启用 TCP 跟踪	勾选此项可对机器人的 TCP 路径进行跟踪
跟随移动的工件	勾选此项可使 TCP 跟踪路径随移动的工件而变化
在模拟开始时清除轨迹	勾选此项可清除图形窗口中的跟踪轨迹
基础色	跟踪路径的颜色，可单击进行修改
信号颜色	勾选此项可在下面设置需要跟踪的信号类型（如 TCP 速度、TCP 加速度等），并在跟踪过程中以设定的颜色进行显示
使用色阶	使用色阶的方式显示信号的变化，可设置信号的变化范围
使用副色	当信号高于设定范围后，以此颜色进行显示
显示事件	勾选此项可设置在 TCP 跟踪过程中需要显示的事件，比如：目标点更改后，在图形窗口进行显示
清除 TCP 轨迹	清除在图形窗口中已有的 TCP 轨迹

设置完成后，单击"仿真"功能选项卡中的"播放"按钮，执行仿真，当机器人运行完成后，可根据记录的机器人轨迹进行分析。运行完成后的界面如图 2-9 所示。为了便于观察记录的 TCP 轨迹，可在"基本"选项卡中单击"显示\隐藏"，取消勾选"全部目标点/框架"和"全部路径"。

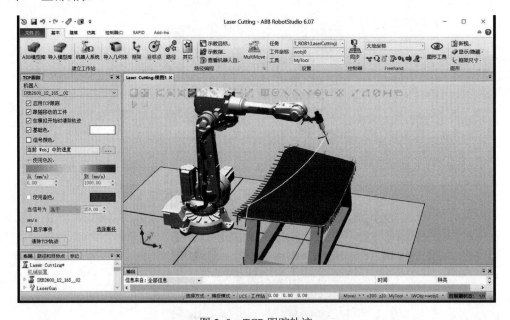

图 2-9　TCP 跟踪轨迹

2.3　知识拓展——离线轨迹编程的关键点

在离线轨迹编程过程中，最重要的三步是图形曲线、目标点的调整以及轴配置参数的调整。

1．图形曲线

1）可以先创建曲线再生成曲线，还可以捕捉 3D 模型的边缘进行轨迹的创建。在创建自动路径时，可以用鼠标捕捉边缘，从而生成机器人的运动轨迹。

2）对于一些复杂的 3D 模型，在导入 RobotStudio 后，某些特征可能会丢失，此外 RobotStudio 只提供基本的建模功能，所以在导入 3D 模型之前，可采用某些专业的制图软件进行处理，如在模型表面绘制相关曲线，在导入 RobotStudio 后直接将已有的曲线转化成机器人轨迹。

3）在生成轨迹时，需要根据实际情况选取合适的近似值参数，并调整参数值的大小。

2．目标点的调整

目标点调整的方法有多种，在实际应用的过程中，单使用一种方法难以将目标点一次性调整到位，尤其是在对工具姿态要求较高的工艺需求场合中，通常是要综合运用多种方法进行多次调整。建议在调整过程中先对某一目标点进行调整，反复尝试调整完成后，其他目标点的某些属性可以参考这个目标点进行方向对准。

3．轴配置参数的调整

在对目标点进行轴配置的过程中，如果轨迹较长，则会遇到相邻两个目标点之间的轴配置变化过大，从而在轨迹运行过程中出现无法完成轴配置的现象。一般可以采取如下方法进行更改：

1）轨迹起始点使用不同的轴配置参数，如有需要，可勾选"包含转数"复选框后，再选择轴配置参数。

2）更改轨迹的起始点位置。

3）运用其他的指令，如 SingArea、ConfL 和 ConfJ 等。

思考与练习

1．为什么要进行目标点调整？
2．如何更改轨迹的起始、结束及安全位置点？
3．离线轨迹编程的关键点是什么？
4．练习工具数据、工件数据及载荷数据的创建。
5．完成本工作站的整个编程和仿真过程。

第3章　搬运机器人的离线编程

◆ **学习目标**

1. 学会使用 RobotStudio 中的建模功能进行基本建模。
2. 学会使用 RobotStudio 中的测量工具。
3. 学会创建机械装置及工具。
4. 学会机器人常用 I/O 板及 I/O 信号的设置方法。
5. 学会机器人常用指令的使用。
6. 学会使用 RobotStudio 仿真软件在离线状态下进行目标点示教。
7. 学会搬运常用 I/O 配置及搬运程序编写。

◆ **任务描述**

本工作站以太阳能薄板搬运为例（如图 3-1 所示），利用 IRB120 机器人在流水线上拾取太阳能薄板工件，将其搬运至暂存盒中，以便周转至下一工位进行处理。本工作站中已经预设搬运动作效果，大家需要在此工作站中依次完成 I/O 配置、程序数据创建、目标点示教、程序编写及调试，最终完成整个搬运工作站的搬运过程。

搬运工作站
动画

搬运工作站
文件下载

图 3-1　搬运工作站

3.1　知识储备——RobotStudio 功能及常用指令

3.1.1　RobotStudio 中的建模功能

在实际应用中，我们经常使用 RobotStudio 仿真软件进行机器人的仿真验证，如节拍、到达能力等。如果对周边模型要求不需要很细致的表达时，可以用等同实际大小的简单模型来替代，节约仿真验证的时间。如果需要精细的 3D 模型，可以通过第三方的建模软件进行建模，并通过*.sat 格式导入 RobotStudio 中来完成建模布局工作。

1．使用 RobotStudio 中的建模功能进行 3D 模型的创建

使用 RobotStudio 中的建模功能进行 3D 模型的创建及设置过程见表 3-1。

表 3-1　建模及设置步骤

步骤	图例
在"建模"功能选项卡中，单击"创建"组中的"固体"，选择"矩形体"	
在弹出的"创建方体"对话框中进行参数设置，完成后单击"创建"按钮。 注：实例中创建一个长 1190mm、宽 800mm、高 140mm 的长方体，可用于替代垛板	

2．测量工具的使用

在 RobotStudio 中，测量工具的使用见表 3-2。

表 3-2　测量工具的使用

步骤	图例
长度测量： 依次单击"选择部件""捕捉末端"和"点到点"。 设置完成后，依次单击"角点 A"和"角点 B"，长度尺寸的测量结果就会显示出来	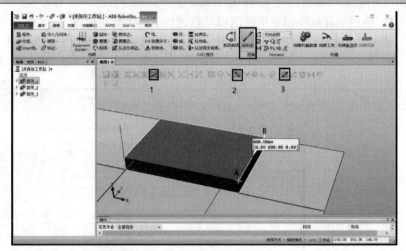
直径测量： 依次单击"选择部件""捕捉边缘"和"直径"。 设置完成后，依次单击"角点 A""角点 B"和"角点 C"，直径尺寸的测量结果就会显示出来	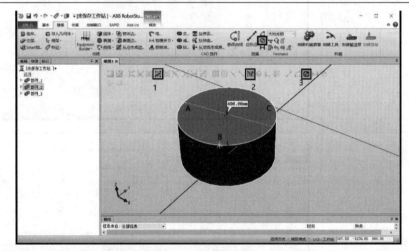
角度测量： 依次单击"选择部件""捕捉末端"和"角度"。 设置完成后，依次单击"角点 A""角点 B"和"角点 C"，锥体顶角角度尺寸的测量结果就会显示出来	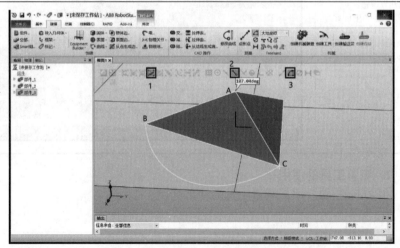

（续）

步骤	图例
最短距离测量： 依次单击"选择部件""捕捉边缘"和"最短距离"。 设置完成后，依次单击"角点 A"和"角点 B"，两个物体之间最短距离的测量结果就会显示出来	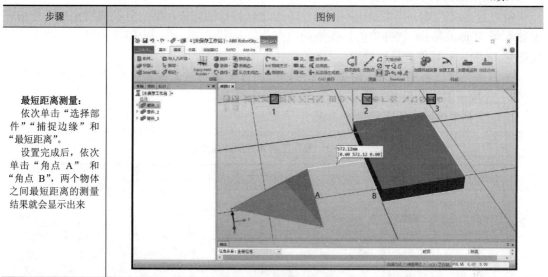

3. 创建机器人用工具

在构建工业机器人工作站时，机器人法兰盘末端会安装用户工具，我们希望的是用户工具在安装时能够自动安装到机器人法兰盘末端并保持坐标方向一致，并能够在工具的末端自动生成工具坐标系，从而避免工具方面的仿真误差。

工具安装的原理为：工具模型的本地坐标系与机器人法兰盘坐标系 Tool0 重合，工具末端的工具坐标系框架即作为机器人的工具坐标系，所以需要对此工具模型做两步图形处理。首先在工具法兰盘端创建本地坐标系框架，之后在工具末端创建工具坐标系框架。这样，自建的工具和系统库里默认的工具具有同样的属性。

下面，我们来学习如何将导入的 3D 工具模型创建成具有机器人工作站特性的工具。要设定的工具模型如图 3-2 所示。

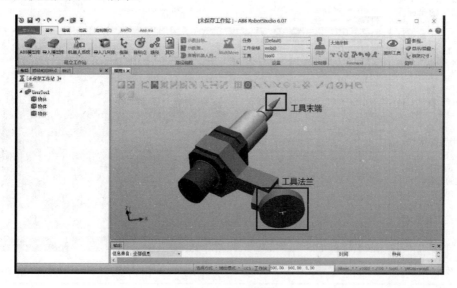

图 3-2 工具模型

1）设定工具的本地原点。

用户自定义的 3D 模型是由不同的 3D 绘图软件绘制完成，然后转换成特定的文件格式再导入到 RobotStudio 软件中的，模型的原点位置及坐标方向不一定能够满足使用要求，需要在 RobotStudio 软件中进行处理。

在图形处理过程中，为了避免工作站地面特征影响视线及捕捉，可将地面设定为隐藏（文件→选项→图形外观中取消勾选显示地板）。

设定工具本地原点的步骤见表 3-3。

表 3-3　设定工具本地原点的步骤

步骤	图例
在"布局"窗口中的"UserTool"上单击右键，选择"位置"→"放置"→"三点法"选项	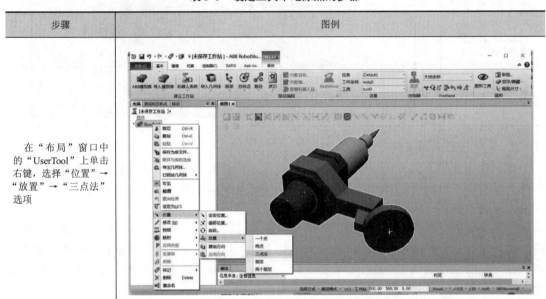
设置合适的捕捉工具，捕捉 A 点作为"主点-从"的坐标数据，捕捉 B 点作为"X 轴上的点-从"的坐标数据，捕捉 A 点作为"Y 轴上的点-从"的坐标数据。 将"主点-到"设为（0，0，0），将"X 轴上的点-到"设为（30，0，0），将"Y 轴上的点-到"设为（0，-30，0）。 单击"应用"按钮，完成模型的放置。 注：如果由于模型特征丢失，导致无法用现在的捕捉工具捕捉到中心点，可以先创建表面边界（创建方法见表 3-4），然后再进行中心位置放置	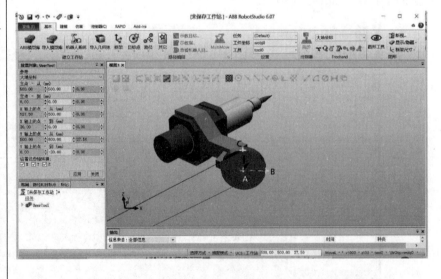

（续）

步骤	图例
在"布局"窗口中的"UserTool"上单击右键，选择"修改"→"设定本地原点"，在弹出的"设置本地原点"对话框中，将所有数值都设置为"0"，最后单击"应用"按钮	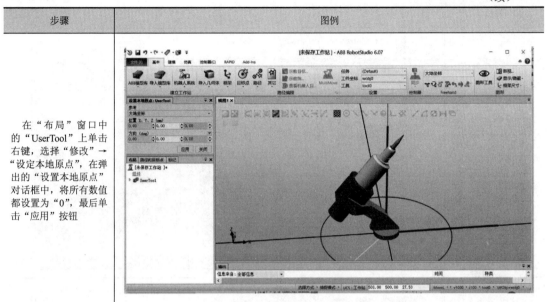

这样，工具模型的本地坐标系的原点及坐标系方向就全部设定完成了。如果某些模型经过一次放置无法到达需要的位置，需要根据实际情况多次调整来完成。对于工具本地坐标系的方向，需要将工件法兰盘表面与大地水平面重合。

2）创建工具坐标系框架。

创建工具坐标系框架的步骤见表 3-4。

表 3-4　创建工具坐标系框架的步骤

步骤	图例
如果由于工件末端特征丢失，导致无法捕捉原点，则需要先创建一个表面边界。 在"建模"功能选项卡中单击"表面边界"，捕捉工具末端的圆锥面，单击"创建"按钮	

步骤	图例
在"建模"功能选项卡中单击"框架"下拉菜单的"创建框架"选项，捕捉工具末端圆弧的圆心点 A 作为坐标系框架的原点，单击"创建"按钮	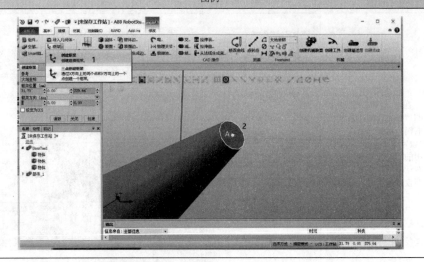
创建完成的坐标系框架的 Z 轴未与工件末端表面垂直，需要进行调整。 在"框架_1"上单击右键，在弹出的快捷菜单中单击"设定为表面的法线方向"选项	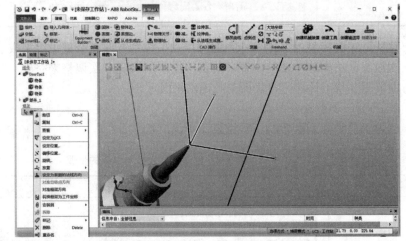
如果由于工件末端表面丢失，无法捕捉，可以选取合适的捕捉工具捕捉表面 B（捕捉的表面应与工件末端表面平行），单击"应用"按钮，工具末端坐标系框架中的 Z 轴就会变为与工件末端表面垂直	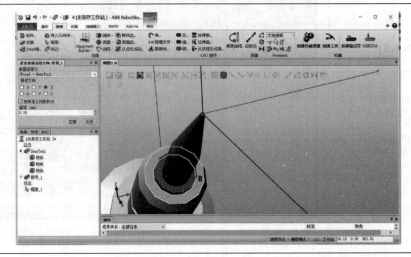

（续）

步骤	图例
有时候需要工具坐标系原点与工具末端保持一段距离（比如焊枪，激光切割枪、涂胶枪等），可将框架沿本身的 Z 轴正方向移动一段距离来实现。 在"框架_1"上单击右键，在弹出的快捷菜单中单击"设定位置"选项，在弹出的"设定位置：框架_1"对话框中，将参考设定为"本地"，"位置"的 Z 值设定为"5"，单击"应用"按钮	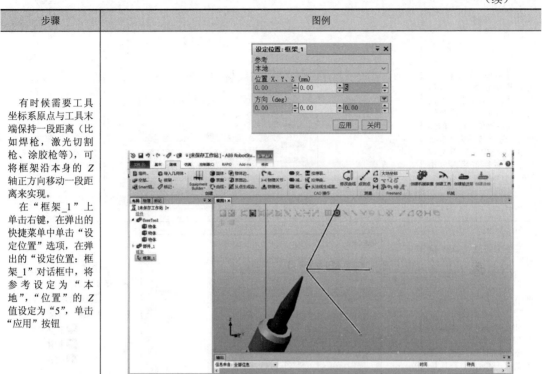

3）创建工具。

完成工具坐标系框架的创建后，开始创建机器人工具，创建工具的步骤见表 3-5。

表 3-5 创建工具的步骤

步骤	图例
在"建模"功能选项卡中单击"创建工具"选项	

（续）

步骤	图例
在弹出的"创建工具"对话框中设置"工具信息"，将"Tool 名称"设为"MyTool"，"选择组件"选中"使用已有的部件"，选取部件为"User Tool"，根据实际情况设定载荷属性值后，单击"下一个"按钮	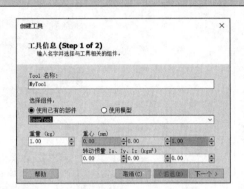
接下来设置"TCP 信息"。 "TCP 名称"采用默认的"MyTool"，"数值来自目标点/框架"设为"框架_1"，单击导向键将 TCP 添加到右侧窗口，最后单击"完成"按钮。 在布局窗口，可以看到 MyTool 显示为工具图标，这时候可以把创建过程中所创建的辅助图形删除掉	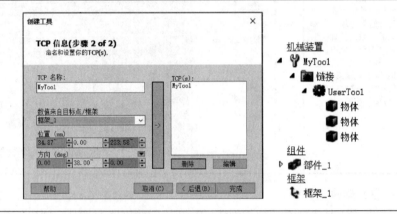
工具创建完成后，可以将工具安装到机器人末端，对创建的工具能否满足使用需要进行验证。 验证无误后，可右键单击"MyTool"将其"保存为库文件"，以备以后使用	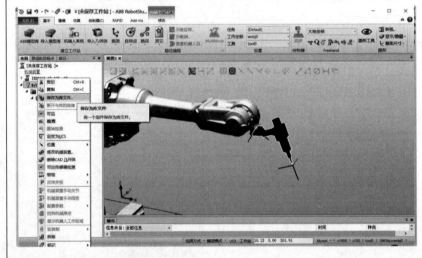

注：如果需要在一个工具上面创建多个工具坐标系，可根据实际情况创建多个坐标系框架，然后将所有的 TCP 依次进行添加完成工具的创建。

4. 创建机械装置

在工作站中，为了更好地展示运行效果，会为机器人的周边模型制作动画效果，比如输送带、夹具和滑台等。接下来，以创建一个能够滑动的滑台为例学习机械装置创建方法，滑台装置如图3-3所示。

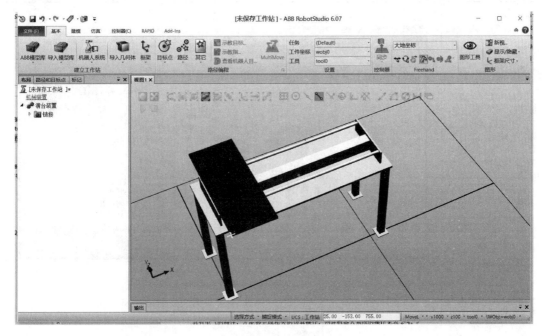

图3-3 滑台装置

创建机械装置的步骤见表3-6。

表3-6 创建机械装置的步骤

步骤	图例
导入绘制好的几何体，并安放好位置。 在"建模"功能选项卡中单击"创建机械装置"选项	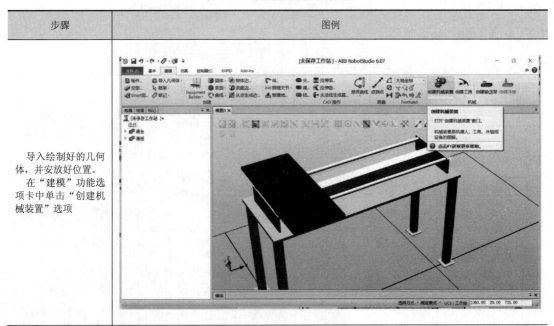

（续）

步骤	图例
在弹出的"创建机械装置"对话框中，在"机械装置模型名称"中输入"滑台装置"，在"机械装置类型"中选择"设备"选项	
双击"链接"，在弹出的"创建链接"对话框中，在"所选组件"中选择"滑台"，勾选"设置为BaseLink"，单击添加部件按钮，单击"应用"按钮。 用同样的方法创建"滑板"的链接（不可勾选"设置为Base Link"，名称设为"L2"），最后单击"确定"按钮，完成"链接"的创建	
双击"接点"，在弹出的"创建接点"对话框中，"关节类型"选中"往复的"，单击"第一个位置"的第一个输入框，单击滑台的 A 角点，然后单击滑台的 B 角点，运动的参考方向轴数据添加完成。 设定关节限值以限定运动范围，"最小值"设为"0"，"最大值"设为"745"，可手动拖动操作轴的滑块对运动范围进行预览，最后单击"确定"按钮，完成接点的创建	

（续）

步骤	图例
双击"创建机械装置"标签，在浮动的标签中单击"编译机械装置"按钮，单击"添加"按钮，进行滑台定位位置数据的添加，在弹出的"创建姿态"对话框中，将滑块拖动到 745 的位置，单击"确定"按钮	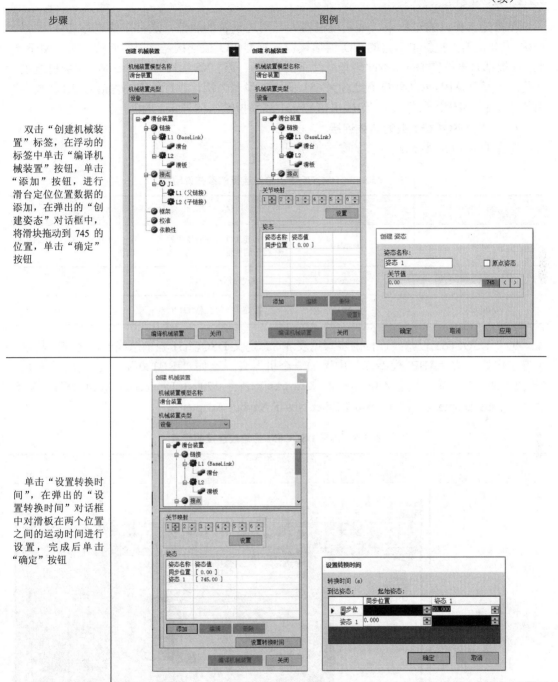
单击"设置转换时间"，在弹出的"设置转换时间"对话框中对滑板在两个位置之间的运动时间进行设置，完成后单击"确定"按钮	

对于创建完成的机械装置，可以在"建模"功能选项卡中选择"手动关节"，用鼠标拖动滑板就可以在滑台上进行滑动了。为了在以后的工作站中调用"滑台装置"，可在"滑台装置"上单击右键，选择"保存为库文件"，调用时，只需在"基本"功能选项卡中单击"导入模型库"下拉菜单，选择"浏览库文件"来加载已保存的机械装置即可。

3.1.2 I/O 设置

在搭建工作站的过程中，要实现机器人与周边设备的通信，通常需要进行 I/O 设置。ABB 工业机器人提供了丰富的 I/O 通信接口，标准 I/O 板连接是常用的通信方式。ABB 标准 I/O 板都是下挂在 DeviceNet 现场总线下的设备，通过 X5 端口与 DeviceNet 现场总线进行通信。下面以 ABB 标准 I/O 板 DSQC651 的 I/O 设置为例，进行数字输入信号 di1、数字输出信号 do1、组输入信号 gi1、组输出信号 go1 和模拟输出信号 ao1 的创建。

1. 定义 DSQC651 板的总线连接

定义 DSQC651 板总线连接的参数说明见表 3-7。

表 3-7　DSQC651 板总线连接的参数说明

参 数 名 称	设 定 值	说 明
Name	board10	设定 I/O 板在系统中的名字，10 代表 I/O 板在 DeviceNet 总线上的地址是 10，方便在系统中识别
Network	DeviceNet	I/O 板连接的总线
Address	10	设定 I/O 板在总线中的地址

定义 DSQC651 板总线连接的步骤见表 3-8。定义 DSQC651 板的总线连接之前，新建一个空工作站，从"ABB 模型库"中添加一个机器人，比如"IRB120"，并创建机器人系统（更改"选项"设置，勾选"Industrial Networks"中的"709-1 DeviceNet Master/Slave"，以及"Anybus Adapters"中的"840-1 Ether-Net/IP Anybus Adapter"）。

表 3-8　定义 DSQC651 板总线连接的步骤

步骤	图例
在"控制器"功能选项卡中，单击"示教器"下拉菜单中的"虚拟示教器"选项	

（续）

步骤	图例
单击"Control panel"，将其打到"手动"	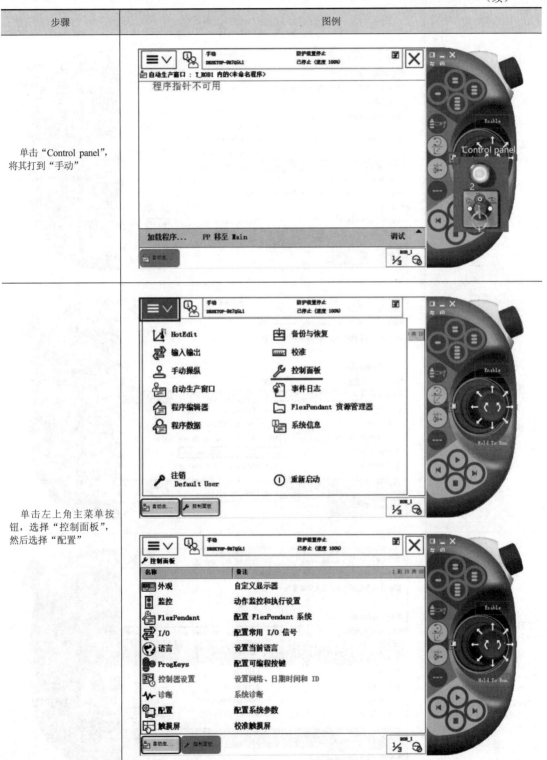
单击左上角主菜单按钮，选择"控制面板"，然后选择"配置"	

（续）

步骤	图例
双击"DeviceNet Device"（或者单击"DeviceNet Device"，然后单击"显示全部"）。 接下来，单击"添加"	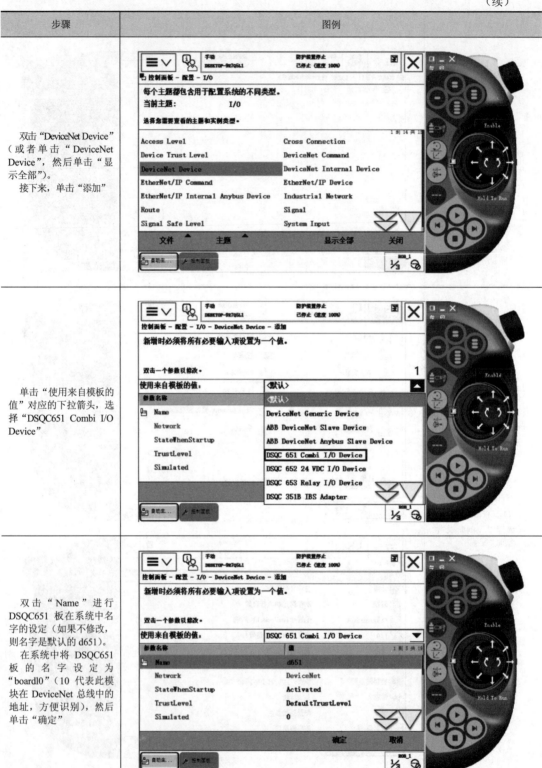
单击"使用来自模板的值"对应的下拉箭头，选择"DSQC651 Combi I/O Device"	
双击"Name"进行DSQC651板在系统中名字的设定（如果不修改，则名字是默认的d651）。 在系统中将DSQC651板的名字设定为"board10"（10代表此模块在DeviceNet总线中的地址，方便识别），然后单击"确定"	

（续）

步骤	图例
单击向下翻页箭头，将"Address"设定为"10"，然后单击"确定"。 在弹出的"重新启动"提示中单击"是"，完成DSQC651板的定义	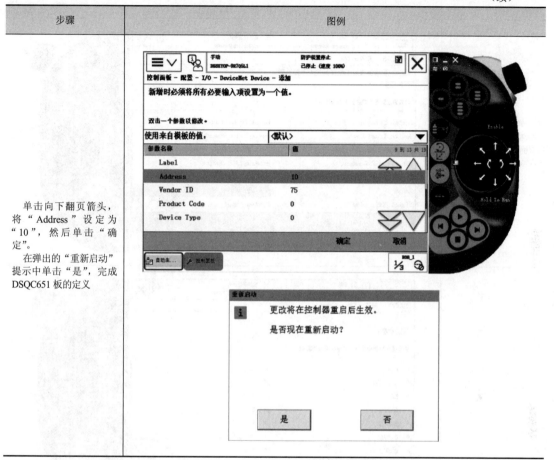

2. 定义数字输入信号

数字输入信号 di1 的相关参数见表 3-9。

表 3-9　数字输入信号 di1 的相关参数

参　数　名　称	设　定　值	说　明
Name	di1	设定数字输入信号的名字
Type of Signal	Digital Input	设定信号类型
Assigned to Device	Board10	设定信号所在的 I/O 模块
Device Mapping	0	设定信号所占用的地址

定义数字输入信号 di1 的步骤见表 3-10。

表 3-10　定义数字输入信号 **di1** 的步骤

步骤	图例
单击左上角主菜单按钮，依次选择"控制面板"→"配置"，双击"Signal"	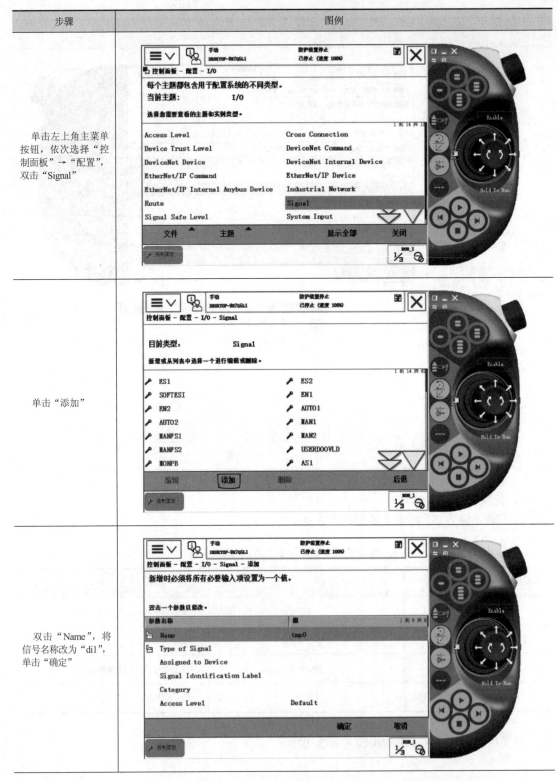
单击"添加"	
双击"Name"，将信号名称改为"di1"，单击"确定"	

（续）

步骤	图例
双击"Name"，将信号名称改为"di1"，单击"确定"	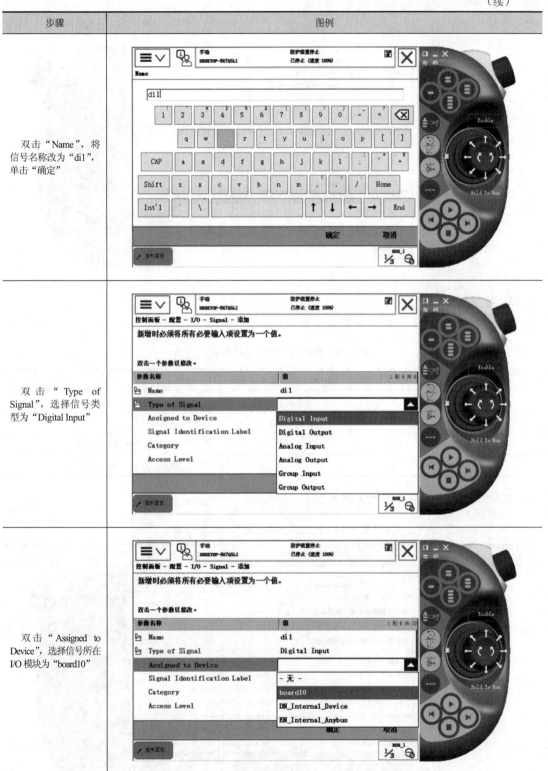
双击"Type of Signal"，选择信号类型为"Digital Input"	
双击"Assigned to Device"，选择信号所在I/O模块为"board10"	

（续）

步骤	图例
双击 "Device Mapping"，设定信号所占用的地址为 "0"，单击 "确定"。 注：在弹出的 "重新启动" 提示中，可选择 "否"，等所有信号设置完成后，再重新启动	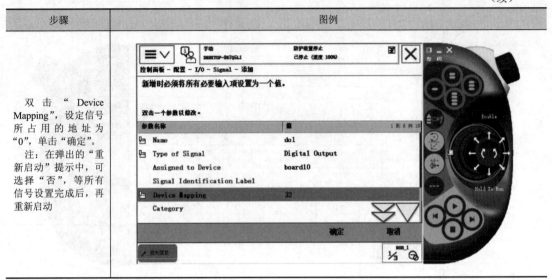

3．定义数字输出信号

数字输出信号 do1 的相关参数见表 3-11。

表 3-11　数字输出信号 do1 的相关参数

参 数 名 称	设 定 值	说 明
Name	do1	设定数字输出信号的名字
Type of Signal	Digital Output	设定信号类型
Assigned to Device	Board10	设定信号所在的 I/O 模块
Device Mapping	32	设定信号所占用的地址

定义数字输出信号 do1 的步骤见表 3-12。

表 3-12　定义数字输出信号 do1 的步骤

步骤	图例
单击左上角主菜单按钮，依次选择 "控制面板" → "配置"，双击 "Signal"	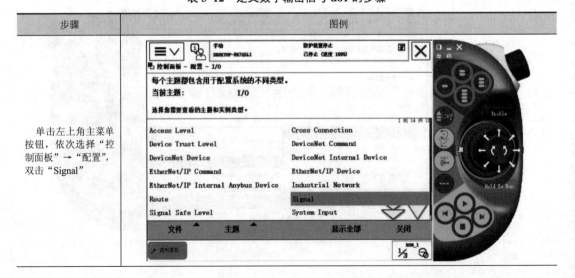

（续）

步骤	图例
单击"添加"	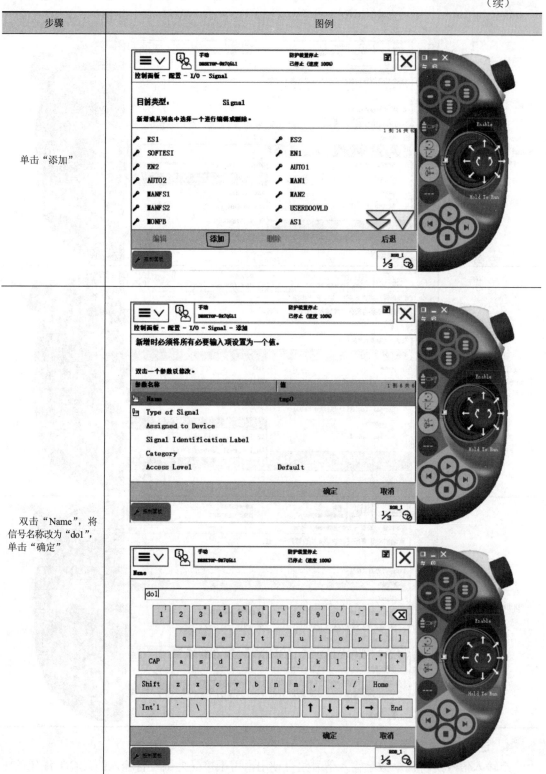
双击"Name"，将信号名称改为"do1"，单击"确定"	

（续）

步骤	图例
双击"Type of Signal"，选择信号类型为"Digital Output"	
双击"Assigned to Device"，选择信号所在 I/O 模块为"board10"	
双击"Device Mapping"，设定信号所占用的地址为"32"，单击"确定"	

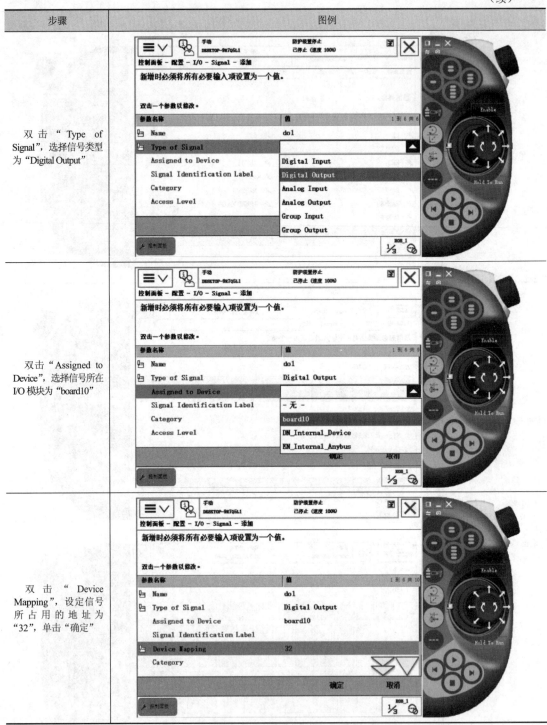

4. 定义组输入信号

组输入信号是将几个数字输入信号组合使用，用于接受外围设备输入的 BCD 编码的十进制数。组输入信号 gi1 的相关参数见表 3-13。

表 3-13　组输入信号 **gi1** 的相关参数

参 数 名 称	设 定 值	说 明
Name	gi1	设定组输入信号的名字
Type of Signal	Group Input	设定信号类型
Assigned to Device	Board10	设定信号所在的 I/O 模块
Device Mapping	1~4	设定信号所占用的地址

组输入信号的占用地址 1~4 共 4 位，可代表十进制数 0~15，如果占用地址为 5 位，则可代表十进制数 0~31。组输入信号 gi1 的状态说明见表 3-14。

表 3-14　组输入信号 **gi1** 的状态说明

状态	地址 1	地址 2	地址 3	地址 4	十进制数
	1	2	4	8	
状态 1	0	1	0	1	2+8=10
状态 2	1	0	1	1	1+4+8=13

定义组输入信号 gi1 的步骤见表 3-15。

表 3-15　定义组输入信号 **gi1** 的步骤

步骤	图例
单击左上角主菜单按钮，依次选择"控制面板"→"配置"，双击"Signal"	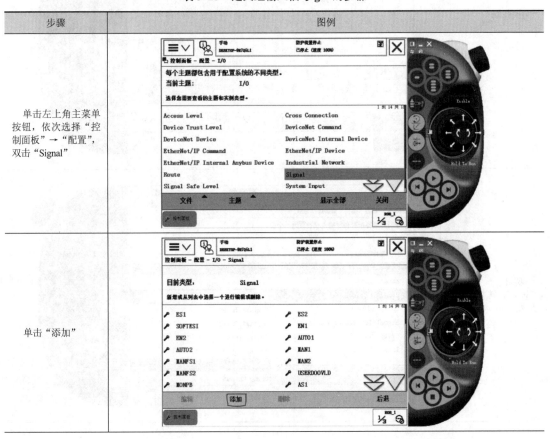
单击"添加"	

（续）

步骤	图例
双击"Name"，将信号名称改为"gi1"，单击"确定"	
双击"Type of Signal"，选择信号类型为"Group Input"	

（续）

步骤	图例
双击"Assigned to Device"，选择信号所在 I/O 模块为"board10"	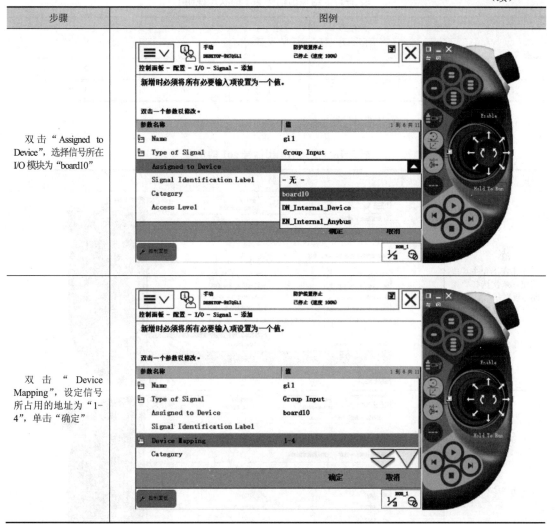
双击"Device Mapping"，设定信号所占用的地址为"1-4"，单击"确定"	

5. 定义组输出信号

组输出信号是将几个数字输出信号组合使用，用于输出 BCD 编码的十进制数。组输出信号 go1 的相关参数见表 3-16。

表 3-16　组输出信号 go1 的相关参数

参 数 名 称	设 定 值	说 明
Name	go1	设定组输出信号的名字
Type of Signal	Group Output	设定信号类型
Assigned to Device	Board10	设定信号所在的 I/O 模块
Device Mapping	33-36	设定信号所占用的地址

组输出信号的占用地址 33～36 共 4 位，可代表十进制数 0～15，如果占用地址为 5 位，则可代表十进制数 0～31。组输出信号 go1 的状态说明见表 3-17。

表 3-17　组输出信号 go1 的状态说明

状态	地址 1	地址 2	地址 3	地址 4	十进制数
	1	2	4	8	
状态 1	0	1	0	1	2+8=10
状态 2	1	0	1	1	1+4+8=13

定义组输出信号 go1 的步骤见表 3-18。

表 3-18　定义组输出信号 go1 的步骤

步骤	图例
单击左上角主菜单按钮，依次选择"控制面板"→"配置"，双击"Signal"	
单击"添加"	
双击"Name"，将信号名称改为"go1"，单击"确定"	

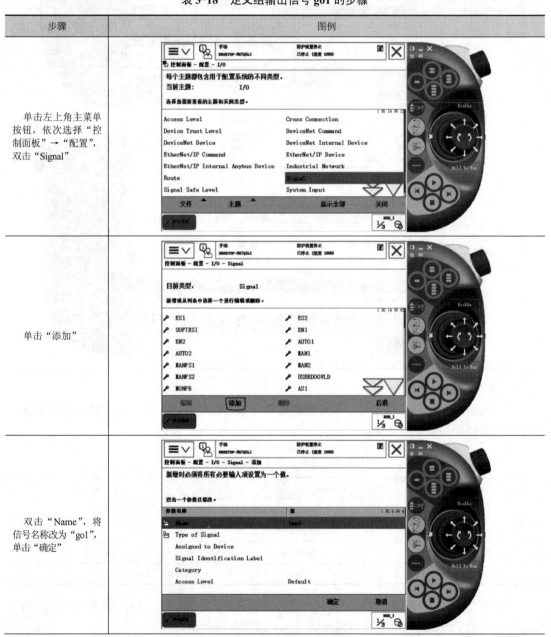

（续）

步骤	图例
双击"Name"，将信号名称改为"go1"，单击"确定"	
双击"Type of Signal"，选择信号类型为"Group Output"	
双击"Assigned to Device"，选择信号所在I/O模块为"board10"	

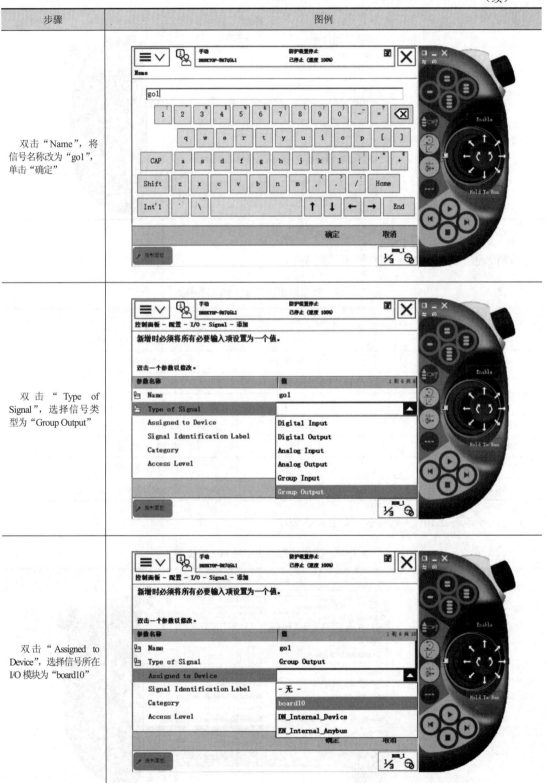

（续）

步骤	图例
双击"Device Mapping"，设定信号所占用的地址为"33～36"，单击"确定"	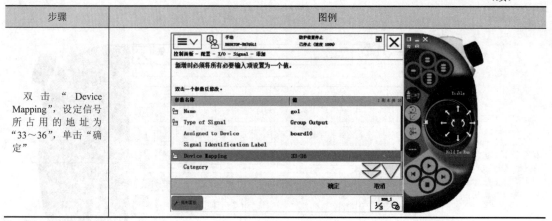

6. 定义模拟输出信号

模拟输出信号 ao1 的相关参数见表 3-19。

表 3-19　模拟输出信号 ao1 的相关参数

参 数 名 称	设 定 值	说 明
Name	ao1	设定模拟输出信号的名字
Type of Signal	Analog Output	设定信号类型
Assigned to Device	Board10	设定信号所在的 I/O 模块
Device Mapping	0～15	设定信号所占用的地址
Analog Encoding Type	Unsigned	设定模拟信号属性
Maximum Logical Value	10	设定最大逻辑值
Maximum Physical Value	10	设定最大物理值
Maximum Bit Value	65535	设定最大逻辑位值，16 位

定义模拟输出信号 ao1 的步骤见表 3-20。

表 3-20　定义模拟输出信号 ao1 的步骤

步骤	图例
单击左上角主菜单按钮，依次选择"控制面板"→"配置"，双击"Signal"	

（续）

步骤	图例
单击"添加"	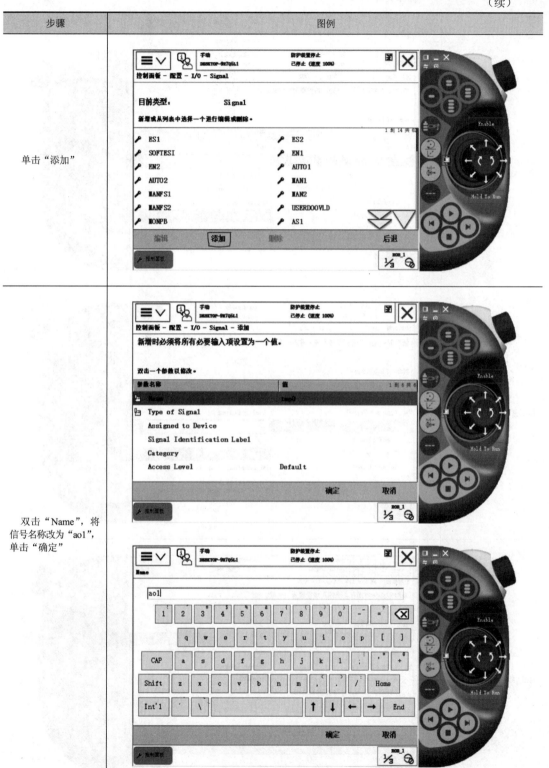
双击"Name"，将信号名称改为"ao1"，单击"确定"	

（续）

步骤	图例
双击"Type of Signal"，选择信号类型为"Analog Output"	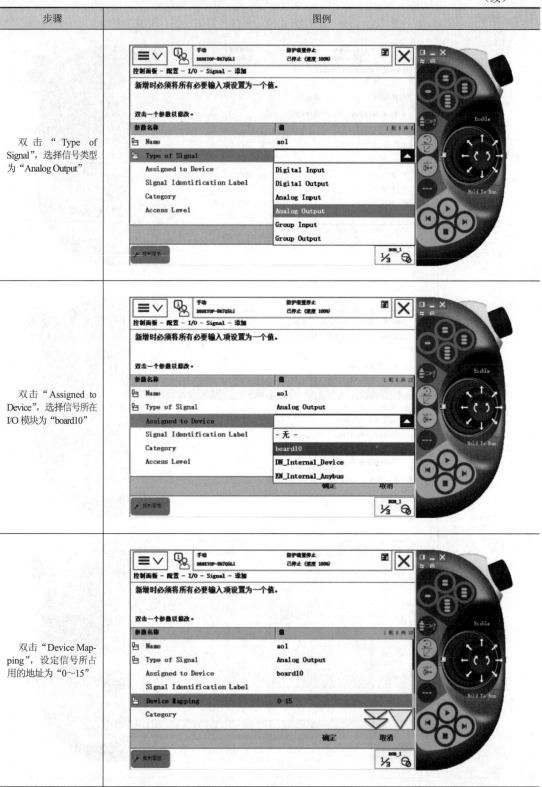
双击"Assigned to Device"，选择信号所在I/O 模块为"board10"	
双击"Device Mapping"，设定信号所占用的地址为"0~15"	

（续）

步骤	图例
向下翻页，双击"Analog Encoding Type"，设定信号属性为"Unsigned"。 注：Two complement 数值范围-32768～+32768；Unsigned 数值范围从 0 开始，无负数	
双击"Maximum Logical Value"，设定最大逻辑值为"10"	
双击"Maximum Physical Value"，设定最大物理值为"10"	

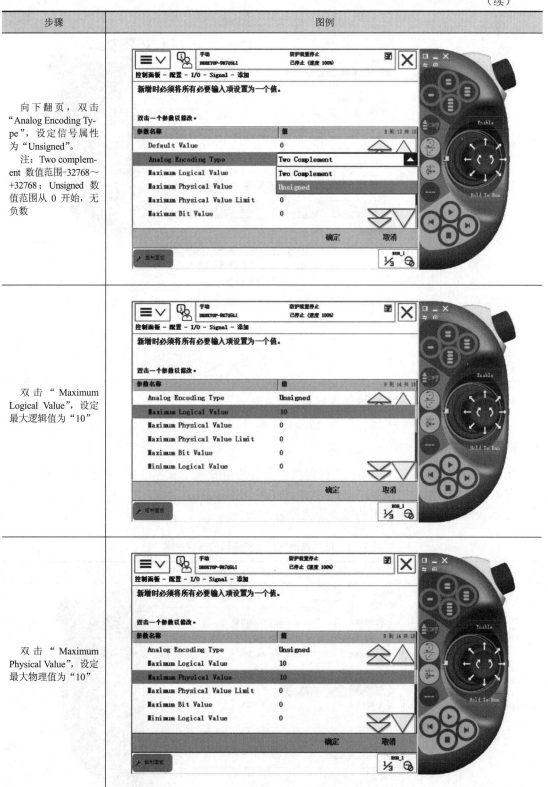

（续）

步骤	图例
双击"Maximum Bit Value"，设定最大逻辑位值为"65535"，单击"确定"	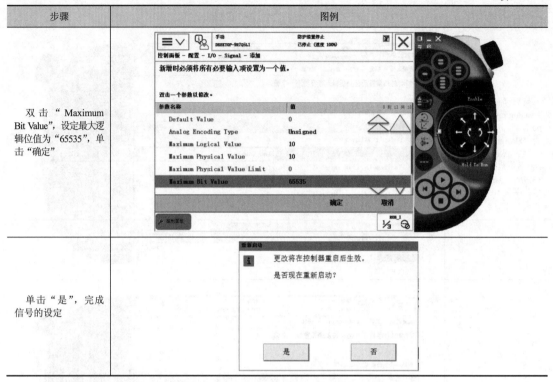
单击"是"，完成信号的设定	

注：信号参数的设定需要根据实际的需求来进行。

3.1.3 常用指令

ABB 工业机器人的 RAPID 编程提供了丰富的指令来完成各种简单和复杂的应用。下面，我们开始学习常用的指令。

在示教器中进行指令编辑的操作步骤见表 3-21。

表 3-21 用示教器进行指令编辑的操作步骤

步骤	图例
单击示教器左上角的主菜单按钮，选择"程序编辑器"	

（续）

步骤	图例
单击"取消"	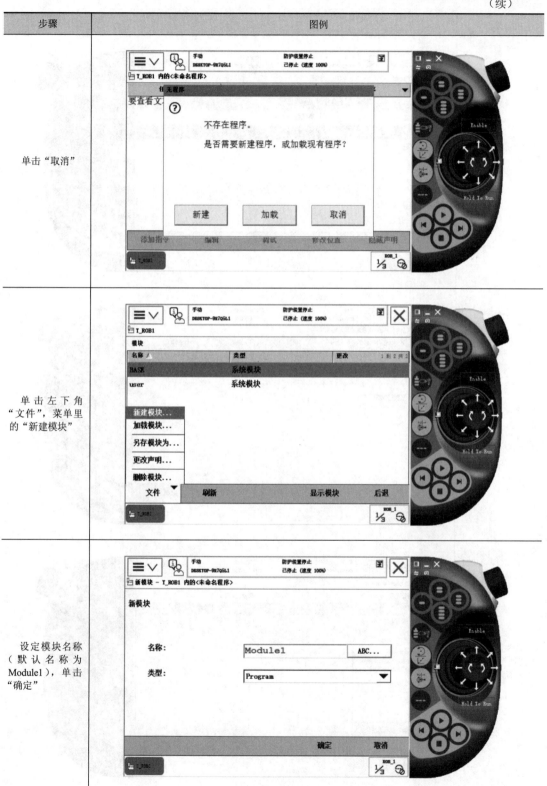
单击左下角 "文件"，菜单里 的"新建模块"	
设定模块名称 （默认名称为 Module1），单击 "确定"	

（续）

步骤	图例
选中 Module1，单击"显示模块"	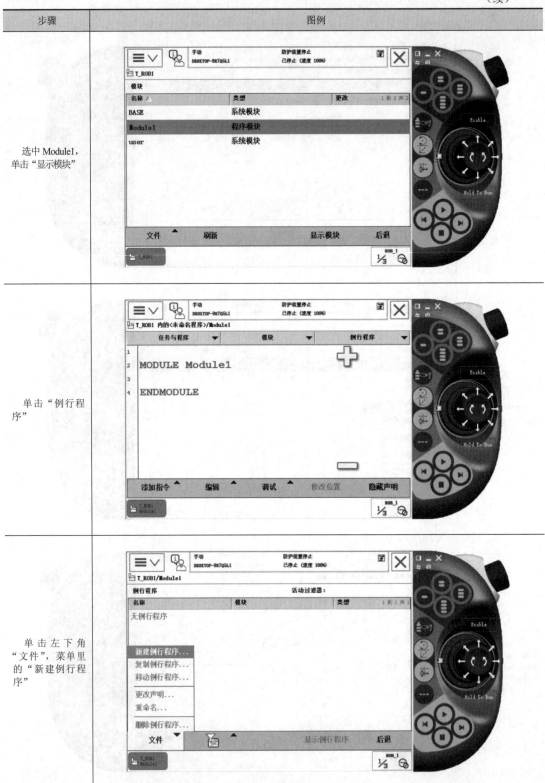
单击"例行程序"	
单击左下角"文件"，菜单里的"新建例行程序"	

（续）

步骤	图例
设定例行程序名称（默认名称为 Routine1），单击"确定"	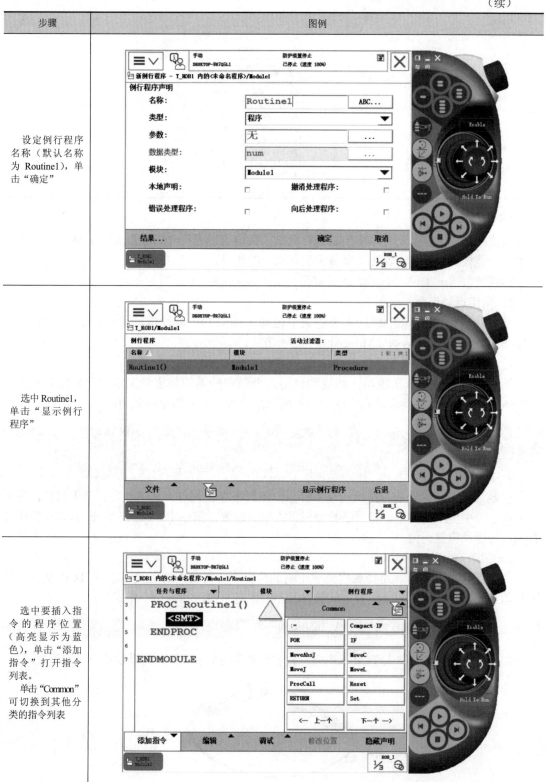
选中 Routine1，单击"显示例行程序"	
选中要插入指令的程序位置（高亮显示为蓝色），单击"添加指令"打开指令列表。 单击"Common"可切换到其他分类的指令列表	

（续）

步骤	图例
	Common ▼ 🔲
	1 到 20 共 20
	Common　　　Prog.Flow
	Various　　　Settings
	Motion&Proc.　I/O
	Communicate　Interrupts
	Error Rec.　System&Time
	Mathematics　MotionSetAdv
	Motion Adv.　Ext.Computer
	MultiTasking...RAPIDsupport
	Calib&Service　M.C 1
	M.C 2　　　M.C 3

1. 赋值指令

赋值指令 ":=" 用于对程序数据进行赋值。赋值可以是一个常量或数学表达式。下面就添加一个常量赋值与数学表达式赋值说明此指令的使用。

常量赋值：reg1:=3；数学表达式赋值：reg2:=reg1+8；

2. 常用运动指令

ABB 机器人在空间中运动主要有关节运动（MoveJ）、线性运动（MoveL）、圆弧运动（MoveC）和绝对位置运动（MoveAbsJ）四种方式。

1）绝对位置运动指令 MoveAbsJ。

绝对位置运动指令是机器人的运动使用六个轴和外轴的角度值来定义目标位置数据；MoveAbsJ 常用于使机器人的六个轴回到机械原点位置。相应指令格式为：

> PERS jointtarget jpos10:=[[0,0,0,0,0,0],[9E+09,9E+09,9E+09,9E+09,9E+09,9E+09]];　关节目标点数据中各关节轴为零度。
> MoveAbsj jpos10,v1000,z50,tool1\WObj:=wobj1;　机器人运行至各关节轴零度位置。

机器人以单轴运行的方式运动至目标点，绝对不存在死点，运动状态完全不可控，避免在正常生产中使用此指令，常用于检查机器人零点位置，指令中 TCP 与 Wobj 只与运行速度有关，与运动位置无关。

2）关节运动指令 MoveJ。

关节运动指令是在对路径精度要求不高的情况下，机器人的工具中心点 TCP 从一个位置移动到另一个位置，两个位置之间的路径不一定是直线。相应指令格式为：

> MoveJ p20, v1000, z50, tool1 \WObj:=wobj1;

如图 3-4 所示，机器人 TCP 从当前位置 p10 处运动至 p20 处，运动轨迹不一定为直线。

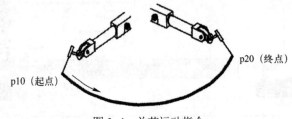

图 3-4　关节运动指令

关节运动指令适合机器人大范围运动时使用，不容易在运动过程中出现关节轴进入机械死点的问题；目标点位置数据定义机器人 TCP 的运动目标，可以在示教器中单击"修改位置"进行修改。

3）线性运动指令 MoveL。

线性运动是机器人的 TCP 从起点到终点之间的路径始终保持为直线。适用于对路径精度要求较高的场合，如切割、涂胶等。相应指令格式为：

```
MoveL p20,v1000,z50,tool1\WObj:=wobj1;
```

如图 3-5 所示，机器人 TCP 从当前位置 p10 处运动至 p20 处，运动轨迹为直线。

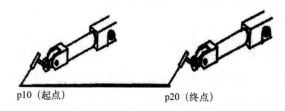

图 3-5　线性运动指令

4）圆弧运动指令 MoveC。

圆弧路径是在机器人可到达的空间范围内定义三个位置点，第一个点是圆弧的起点，第二个点用于控制圆弧的曲率，第三个点是圆弧的终点。相应指令格式为：

```
MoveC p20,p30,v1000,z50,tool1\WObj:=wobj1;
```

如图 3-6 所示，机器人当前位置 p10 作为圆弧的起点，p20 是圆弧上的一点，p30 作为圆弧的终点。

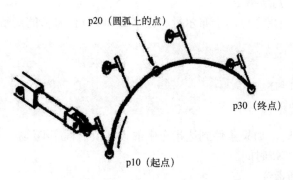

图 3-6　圆弧运动指令

圆弧运动指令 MoveC 在做圆弧运动时一般不超过 240°，所以一个完整的圆通常使用两条圆弧指令来完成。

3．I/O 控制指令

I/O 控制指令用于控制 I/O 信号，以达到与机器人周边设备进行通信的目的。

1）Set 数字信号置位指令。

Set 数字信号置位指令用于将数字输出（Digital Output）置位为 1。指令格式为：

> Set Do1; 将数字输出信号 Do1 置为 1

2）Reset 数字信号复位指令。

Reset 数字信号复位指令用于将数字输出（Digital Output）置位为 0；如果在 Set、Reset 指令前有运动指令 MoveL、MoveJ、MoveC、MoveAbsJ 的转弯区数据，必须使用 fine 才可以准确地输出 I/O 信号状态的变化。指令格式为：

> Reset Do1; 将数字输出信号 Do1 置为 0

3）WaitDI 数字输入信号判断指令。

WaitDI 数字输入信号判断指令用于判断数字输入信号的值是否与目标一致。指令格式为：

> WaitDI di1，1;

在程序执行此指令时，等待 di1 的值为 1。如果 di1 为 1，则程序继续往下执行；如果达到最大等待时间 300s（这个时间可以根据实际进行设定）以后，di1 的值还不为 1，则机器人报警或进入出错处理程序。

4）WaitDO 数字输出信号判断指令。

WaitDO 数字输出信号判断指令用于判断数字输出信号的值是否与目标一致。指令格式为：

> WaitDO do1,1;

在程序执行此指令时，等待 do1 的值为 1。如果 do1 为 1，则程序继续往下执行；如果达到最大等待时间 300s 以后，do1 的值还不为 1，则机器人报警或进入出错处理程序。

5）WaitUntil 信号判断指令。

WaitUntil 信号判断指令可用于布尔量、数字量和 I/O 信号值的判断。相应指令格式为：

> WaitUntil di1 = 1;
> WaitUntil do1 = 0;
> WaitUntil flag1= TRUE;
> WaitUntil num1 = 8;

在程序执行指令时，如果条件到达指令中的设定值，程序继续往下执行；否则就一直等待，除非设定了最大等待时间。

4. 条件逻辑判断指令

条件逻辑判断指令用于对条件进行判断后，执行相应的操作，是 RAPID 中重要的组成部分。

1）Compact IF 紧凑型条件判断指令。

Compact IF 紧凑型条件判断指令用于当一个条件满足了以后，就执行一句指令。指令格式为：

> IF flag1=TRUE set do1;

在程序执行指令时，如果 flag1 的状态为 TRUE，则 do1 被置位为 1。

2）IF 条件判断指令。

IF 条件判断指令，就是根据不同的条件去执行不同的指令。指令格式为：

```
IF num1=1 THEN
    flag1:= TRUE ;
ELSE IF num1=2 THEN
    flag1:= FALSE;
ELSE
    set do1;
End IF
```

在执行程序指令时，如果 num1 为 1，则 flag1 会赋值为 TRUE；如果 num1 为 2，则 flag1 会赋值为 FALSE；除了以上两种条件之外，则执行置位 do1 为 1。

条件判定的条件数量可以根据实际情况进行增加与减少。

3）FOR 重复执行判断指令。

FOR 重复执行判断指令，适用于一个或多个指令需要重复执行数次的情况。指令格式为：

```
PROC main ()
  FOR i FROM 1 TO 10 DO
    Routine3 ;
    END FOR
ENDPROC
```

程序运行时，例行程序 Routine3，重复执行 10 次。

4）WHILE 条件判断指令。

WHILE 条件判断指令，用于在给定条件满足的情况下，一直重复执行对应的指令。指令格式为：

```
WHILE num1> num2 DO
num1:= num1-1;
END WHILE
```

程序执行时，当 num1＞num2 的条件满足的情况下，就一直执行 num1:=num1-1 的操作，直到 num1＞num2 的条件不满足为止。

5. 等待指令

WaitTime 时间等待指令，用于程序在等待一个指定的时间以后，再继续向下执行。指令格式为：

```
WaitTime 4;
Reset do1;
```

程序执行时，在等待 4s 以后，程序向下执行 Reset do1 指令。

6. 其他常用指令

1) ProcCall 调用例行程序指令。

通过使用此指令在指定的位置调用例行程序。

2) RETURN 返回例行程序指令。

当 RETURN 返回例行程序指令被执行时，则马上结束本例行程序的执行，返回程序指针到调用此例行程序的位置。指令格式为：

```
PROC Routine1 ()
  MoveL p10, v1000, z50，tool1\wobj:= wobj1;
  Routine2 ;
  Set do1;
ENDPROC
PROC Routine2 ()
  IF di1=1 THEN
    RETURN;
  ELSE
    stop;
  ENDIF
ENDPROC
```

Routine2 程序运行时，当 di1=1 时，执行 RETURN 指令，程序指针返回到程序 Routine1 调用 Routine2 的位置并继续向下执行 Set do1 这个指令。

3.2 任务实施——搬运机器人编程与仿真

本工作站要实现的动作是机器人在流水线上拾取太阳能薄板工件，将其搬运至暂存盒中，以便周转至下一工位进行处理。

3.2.1 配置 I/O 单元及信号

1. 配置 I/O 单元

在工作站中，使用标准 I/O 板 DSQC651，在虚拟示教器中，根据表 3-22 的参数配置 I/O 单元。

表 3-22　I/O 单元配置

Name	Network	Address
Board10	DeviceNet	10

2. 配置 I/O 信号

在虚拟示教器中，根据表 3-23 的参数配置 I/O 信号。

表 3-23　I/O 信号配置及说明

Name	Type of Signal	Assigned to Device	Device Mapping	I/O 信号注解
di00_BufferReady	Digital Input	Board10	0	暂存装置到位信号

（续）

Name	Type of Signal	Assigned to Device	Device Mapping	I/O 信号注解
di01_PanelInPos	Digital Input	Board10	1	产品到位信号
di02_VacuumOK	Digital Input	Board10	2	真空反馈信号
di03_Start	Digital Input	Board10	3	外接"开始"
di04_Stop	Digital Input	Board10	4	外接"停止"
di05_StartAtMain	Digital Input	Board10	5	外接"从主程序开始"
di06_EstopReset	Digital Input	Board10	6	外接"急停复位"
di07_MotorOn	Digital Input	Board10	7	外接"电动机上电"
do32_VacuumOpen	Digital Output	Board10	32	打开真空
do33_AutoOn	Digital Output	Board10	33	自动状态输出信号
do34_BufferFull	Digital Output	Board10	34	暂存装置满载

3．配置系统输入与输出

在虚拟示教器中，根据表 3-24 的参数配置系统输入与输出。

表 3-24 系统输入与输出配置

Type	Signal Name	Action	Argumen1	注释
System Input	di03_Start	Start	Continuous	程序启动
System Input	di04_Stop	Stop	无	程序停止
System Input	di05_StartAtMain	Start At Main	Continuous	从主程序启动
System Input	di06_EstopReset	ResetEstop	无	急停状态恢复
System Input	di07_MotorOn	Motors On	无	电动机上电
Type	Signal Name	Status	Argumen1	注释
System Output	do33_AutoOn	Auto On	无	自动状态输出

3.2.2 创建工具数据

在虚拟示教器中，根据表 3-25 的参数设定工具数据 tGripper，采用 TCP 和 Z 法进行标定。TCP 的位置如图 3-7 所示。

表 3-25 工具数据设置

参数名称	参数值
robothold	TRUE
trans	
X	0
Y	0
Z	115
rot	
q1	1

（续）

参数名称	参数值
q2	0
q3	0
q4	0
mass	1
cog	
X	0
Y	0
Z	100
其余参数均为默认值	

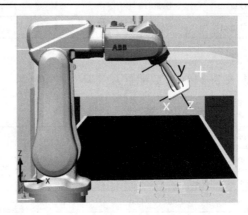

图 3-7   工具 TCP

3.2.3   创建工件坐标系

在虚拟示教器中，根据图 3-8 所示位置设定工件坐标 WobjInfeeder 及 WobjBuffer。本工作站中，工件坐标系均采用三点法创建。

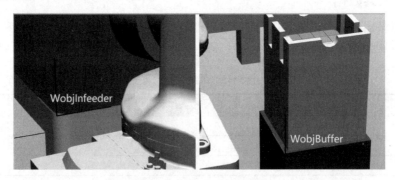

图 3-8   工件坐标系的位置

3.2.4   创建载荷数据

在虚拟示教器中，根据表 3-26 的参数设定载荷数据 LoadFull。

表 3-26 载荷数据设置

参数名称	参数值
mass	0.5
cog	
X	0
Y	0
Z	3
其余参数均为默认值	

注：太阳能薄板重 0.5kg，厚度为 6mm。

3.2.5 程序

在仿真软件中可以通过两种方式查看程序：一是通过示教器查看，还有一种是在 RobotStudio 主界面中查看。

1. 通过示教器查看程序

通过示教器查看程序的步骤见表 3-27。

表 3-27 通过示教器查看程序的步骤

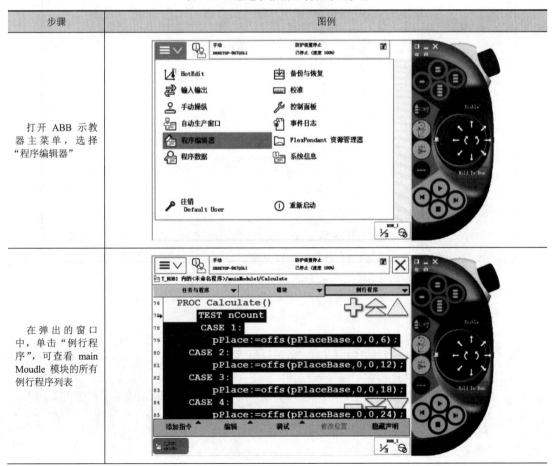

步骤	图例
打开 ABB 示教器主菜单，选择"程序编辑器"	
在弹出的窗口中，单击"例行程序"，可查看 mainMoudle 模块的所有例行程序列表	

（续）

步骤	图例
要查看例行程序，只需要选择相应的例行程序双击，或单击"显示例行程序"即可	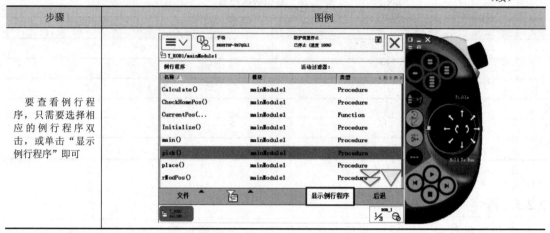

2．在 RobotStudio 主界面中查看程序

在 RobotStudio 主界面中单击"RAPID"选项卡，在界面左侧的树形列表中依次单击"RAPID"→"T_ROB1"，然后双击"mainMoudle"，即可查看到所有程序，如图 3-9 所示。

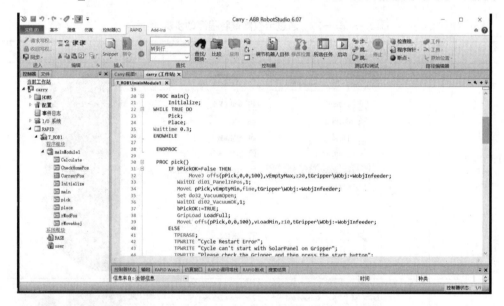

图 3-9　RobotStudio 主界面查看程序

3．程序注释

```
MODULE mainModule1            ! 主程序模块
PERS wobjdata WobjInfeeder:=[FALSE,TRUE,"",[[-100,250,100], [1,0,0,0]],[[0,0,0], [1,0,0,0]]];
        ! 定义输送带工件坐标 WobjInfeeder
PERS wobjdata WobjBuffer:=[FALSE,TRUE,"",[[220, -80, -30],[1,0,0,0]],[[0,0,0],[1,0,0,0]]];
        ! 定义暂存装置工件坐标 WobjBuffer
PERS tooldata tGripper:=[TRUE,[[0,0,115],[1,0,0,0]],[1,[0,0,100],[1,0,0,0],0,0,0]];
        ! 定义工具坐标系数据 tGripper
```

```
PERS loaddata LoadFull:=[0.5,[0,0,3],[1,0,0,0],0,0,0];
! !定义有效载荷数据 LoadFull
CONST robtarget Pick:=[[249.50,100.50,6.00],[0.0134635,3.3099E-8, −0.999909,1.57792E-8],
[0,0,0,0], [9E+9,9E+9,9E+9,9E+9,9E+9,9E+9]];
CONST robtarget pHome:=[[312.04,170.34,401.42],[0.0134636,1.11201E-10, −0.999909,
8.989E-8],[0,0,0,0],[9E+9,9E+9,9E+9,9E+9,9E+9,9E+9]];
CONST robtarget pPlaceBase:=[[79.50,80.50,160.00],[0.0134636,3.43872E-8, −0.999909,
4.4984E-8],[0,0,0,0],[9E+9,9E+9,9E+9,9E+9,9E+9,9E+9]];
! 需要示教的目标点数据,抓取点 Pick,安全点 pHome、放置基准点 pPlaceBase
PERS   robtarget pPlace;
!放置目标点,类型为 PERS,在程序中被赋予不同的数值,用以实现多点位放置
CONST jointtarget jposHome:=[[0,0,0,0,0,0],[9E9,9E9,9E9,9E9,9E9,9E9]];
!关节目标点数据,各关节轴度数为 0,即机器人回到各关节轴机械刻度零位
CONST speeddata vLoadMax:=[3000,300,5000,1000];
CONST speeddata vLoadMin:=[500,200,5000,1000];
CONST speeddata vEmptyMax:=[5000,500,5000,1000];
CONST speeddata vEmptyMin:=[1000,200,5000,1000];
!速度数据,根据实际需求定义多种速度数据,以便于控制机器人各动作的速度
PERS num nCount:=0;
!数字型变量 nCount,此数据用于太阳能薄板计数,根据此数据的数值赋予放置目标点 pPlace 不
同的位置数据,以实现多点位放置
VAR bool bPickOK:=False;
!布尔量,当拾取动作完成后将其置为 True,放置完成后将其置为 False,以作逻辑控制使用


   PROC main()      ! 主程序
      Initialize;      ! 调用初始化程序
     WHILE TRUE DO      !利用 WHILE 循环将初始化程序隔开
      Pick;         !调用拾取程序
      Place;        !调用放置程序
Waittime 0.3;
!循环等待时间,防止不满足机器人动作情况下程序扫描过快,造成 CPU 过负荷
   ENDWHILE
   ENDPROC


PROC pick()   ! 拾取程序
      IF bPickOK=False THEN
!当拾取布尔量 bPickOK 为 False 时,则执行 IF 条件下的拾取动作指令,否则执行 ELSE 中出错
处理的指令,因为当机器人去拾取太阳能薄板时,需保证其真空夹具上面没有太阳能薄板
         MoveJ offs(pPick,0,0,100),vEmptyMax,z20,tGripper\WObj:=WobjInfeeder;
!利用 MoveJ 指令移至拾取位置 pPick 点正上方 Z 轴正方向 100mm 处
         WaitDI di01_PanelInPos,1;
!等待产品到位信号 di01_PanelInPos 变为 1,即太阳能薄板已到位
         MoveL pPick,vEmptyMin,fine,tGripper\WObj:=WobjInfeeder;
!产品到位后,利用 MoveL 移至拾取位置 pPick 点
         Set do32_VacuumOpen;
!将真空信号置为 1,控制真空吸盘产生真空,将太阳能薄板拾起
```

```
        WaitDI di02_VacuumOK,1;
```
!等待真空反馈信号为 1，即真空夹具产生的真空度达到需求后才认为已将产品完全拾起。若真空夹具上面没有真空反馈信号，则可以使用固定等待时间，如 Waittime 0.3
```
        bPickOK:=TRUE;
```
!真空建立后，将拾取的布尔量置为 TRUE，表示机器人夹具上面已拾取一个产品，以便在放置程序中判断夹具的当前状态
```
        GripLoad LoadFull;
```
!加载载荷数据 LoadFull
```
        MoveL offs(pPick,0,0,100),vLoadMin,z10,tGripper\WObj:=WobjInfeeder;
```
!利用 MoveL 移至拾取位置 pPick 点正上方 100mm 处
```
    ELSE
    TPERASE;
    TPWRITE "Cycle Restart Error";
    TPWRITE "Cycle can't start with SolarPanel on Gripper";
    TPWRITE "Please check the Gripper and then press the start button";
        STOP;
```
!如果在拾取开始之前拾取布尔量已经为 TRUE，则表示夹具上面已有产品，此种情况下机器人不能再去拾取另一个产品。此时通过写屏指令描述当前错误状态，并提示操作员检查当前夹具状态，排除错误状态后再开始下一个循环。同时利用 STOP 指令，停止程序运行
```
    ENDIF
ENDPROC


PROC place()    ! 放置程序
    IF bPickOK=TRUE THEN
        WaitDI di00_BufferReady,1;
```
!等待暂存盒准备完成信号 di00_BufferReady 变为 1
```
        Calculate;
```
!调用计算放置位置程序。此程序中会通过判断当前计数 nCount 的值，从而对放置点 pPlace 赋予不同的放置位置数据
```
        MoveJ offs(pPlace,0,0,100),vLoadMax,z50,tGripper\WObj:=WobjBuffer;
```
!利用 MoveJ 移至放置位置 pPlace 点正上方 100mm 处
```
        MoveL offs(pPlace,0,0,0),vLoadMin,fine,tGripper\WObj:=WobjBuffer;
```
!利用 MoveL 移至放置位置 pPlace 处
```
        Reset do32_VacuumOpen;
```
!复位真空信号，控制真空夹具关闭真空，将产品放下
```
        WaitTime 0.3;
```
!等待 0.3s，以防止刚放置的产品被剩余的真空带起
```
        WaitDI di02_VacuumOK,0;
```
!复位真空信号，控制真空夹具关闭真空，将产品放下
```
        GripLoad load0;
```
!加载载荷数据 load0
```
        bPickOK:=FALSE;
```
!此时真空夹具已将产品放下，需要将拾取布尔量置为 FALSE，以便在下一个循环的拾取程序中判断夹具的当前状态
```
        MoveL offs(pPlace,0,0,100),vEmptyMin,z10,tGripper\WObj:=WobjBuffer;
```
!利用 MoveL 移至放置位 pPlace 点正上方 100mm 处

```
        nCount:=nCount+1;
```
!产品计数 nCount 加 1，通过累积 nCount 的数值，在计算放置位置的程序 rCalculatePos 中赋予放置点 pPlace 不同的位置数据
```
        IF nCount>4 THEN
```
!判断计数 nCount 是否大于 4，此处演示的状况是放置 4 个产品，即表示已满载，需要更换暂存盒以及其他的复位操作，如计数 nCount、满载信号等
```
            nCount:=0;
```
!计数复位，将 nCount 赋值为 0
```
            MoveJ pHome,v100,fine,tGripper;
```
!机器人移至 Home 点，此处可根据实际情况来设置机器人的动作，例如若是多工位放置，那么机器人可继续去其他的放置工位进行产品的放置任务
```
            WaitDI di00_BufferReady,0;
```
!等待暂存装置到位信号变为 0，即满载的暂存装置已被取走
```
            Reset do34_BufferFull;
```
!满载的暂存装置被取走后，则复位暂存装置满载信号
```
        ENDIF
    ENDIF
ENDPROC


PROC Initialize()       !初始化程序
    CheckHomePos;
```
!机器人位置初始化，调用检测是否在 Home 位置点程序，检测当前机器人位置是否在 HOME 点，若在 HOME 点的话则继续执行之后的初始化相关指令；若不在 HOME 点，则先返回至 HOME 点
```
    nCount:=1;
```
!计数初始化，将用于太阳能薄板的计数数值设置为 1，即从放置的第一个位置开始摆放
```
    reset do32_VacuumOpen;
```
!信号初始化，复位真空信号，关闭真空
```
    bPickOK:=False;
```
!布尔量初始化，将拾取布尔量置为 False
```
ENDPROC


PROC Calculate()     !计算位置子程序
    TEST nCount
```
! 检测当前计数 nCount 的数值，以 pPlaceBase 为基准点，利用 Offs 指令在坐标系方向进行偏移
```
    CASE 1:
        pPlace:=offs(pPlaceBase,0,0,0);
```
!若 nCount 为 1，pPlaceBase 点就是第一个放置位置，所以 X、Y、Z 偏移值均为 0，也可以直接写成：pPlace:=pPlaceBase
```
    CASE 2:
        pPlace:=offs(pPlaceBase,0,0,6);
```
!若 nCount 为 2，位置 2 相对于放置基准点 pPlaceBase 点在 Z 正方向偏移了一个产品间隔
```
    CASE 3:
        pPlace:=offs(pPlaceBase,0,0,12);
```
!若 nCount 为 2，位置 2 相对于放置基准点 pPlaceBase 点在 Z 正方向偏移了两个产品间隔
```
    CASE 4:
        pPlace:=offs(pPlaceBase,0,0,18);
```

!若 nCount 为 2，位置 2 相对于放置基准点 pPlaceBase 点在 Z 正方向偏移了三个产品间隔

```
        DEFAULT:
            TPERASE;
            TPWRITE "The Count Number is error，please check it!";
        STOP;
```

!若 nCount 数值不为 Case 中所列的数值，则视为计数出错，写屏提示错误信息，并利用 STOP 指令停止程序循环

```
        ENDTEST
ENDPROC


    PROC CheckHomePos()        !检测是否在 Home 点程序
        VAR robtarget pActualPos;
```

!定义一个目标点数据 pActualPos

```
            IF NOT CurrentPos(pHome,tGripper) THEN
```

!调用功能程序 CurrentPos。此为一个布尔量型的功能程序，括号里面的参数分别指的是所要比较的目标点以及使用的工具数据

!这里写入的是 pHome，是将机器人当前位置与 pHome 点进行比较，若在 Home 点，则此布尔量为 True；若不在 Home 点，则为 False

!在此功能程序的前面加上一个 NOT，则表示当机器人不在 Home 点时才会执行 IF 判断中机器人返回 Home 点的动作指令

```
                pActualpos:=CRobT(\Tool:=tGripper\WObj:=wobj0);
```

!利用 CRobT 功能读取当前机器人目标位置并赋值给目标点数据 pActualpos

```
                pActualpos.trans.z:=pHome.trans.z;
```

!将 pHome 点的 Z 值赋给 pActualpos 点的 Z 值

```
                MoveL pActualpos,v100,z10,tGripper;
```

!移至已被赋值的后的 pActualpos 点

```
                MoveL pHome,v100,fine,tGripper;
```

!移至 pHome，上述指令的目的是需要先将机器人提升至与 pHome 点一样的高度，之后再平移至 pHome 点，这样可以简单地规划一条安全回 Home 点的轨迹

```
            ENDIF
ENDPROC


FUNC bool CurrentPos(robtarget ComparePos,INOUT tooldata TCP)
```

!检测目标点功能程序，带有两个参数，比较目标点和所使用的工具数据

```
        VAR num Counter:=0;
```

!定义数字型数据 Counter

```
        VAR robtarget ActualPos;
```

!定义目标点数据 ActualPos

```
        ActualPos:=CRobT(\Tool:=tGripper\WObj:=wobj0);
```

!利用 CRobT 功能读取当前机器人目标位置并赋值给 ActualPos

```
        IF ActualPos.trans.x>ComparePos.trans.x-25 AND ActualPos.trans.x<ComparePos.trans.x+25
        Counter:=Counter+1;
        IF ActualPos.trans.y>ComparePos.trans.y-25 AND ActualPos.trans.y<ComparePos.trans.y+25
        Counter:=Counter+1;
        IF ActualPos.trans.z>ComparePos.trans.z-25 AND ActualPos.trans.z<ComparePos.trans.z+25
        Counter:=Counter+1;
```

```
        IF ActualPos.rot.q1>ComparePos.rot.q1-0.1 AND ActualPos.rot.q1<ComparePos.rot.q1+0.1
        Counter:=Counter+1;
        IF ActualPos.rot.q2>ComparePos.rot.q2-0.1 AND ActualPos.rot.q2<ComparePos.rot.q2+0.1
        Counter:=Counter+1;
        IF ActualPos.rot.q3>ComparePos.rot.q3-0.1 AND ActualPos.rot.q3<ComparePos.rot.q3+0.1
        Counter:=Counter+1;
        IF ActualPos.rot.q4>ComparePos.rot.q4-0.1 AND ActualPos.rot.q4<ComparePos.rot.q4+0.1
        Counter:=Counter+1;
```
!将当前机器人所在目标位置数据与给定目标点位置数据进行比较，共七项数值，分别是 X、Y、Z 坐标值以及工具姿态数据 q1、q2、q3、q4 里面的偏差值，X、Y、Z 坐标偏差值 25 可根据实际情况进行调整。每项比较结果成立，则计数 Counter 加 1，七项全部满足的话，则 Counter 数值为 7
```
        RETURN Counter=7;
```
!返回判断式结果，若 Counter 为 7，则返回 TRUE，若不为 7，则返回 FALSE
```
    ENDFUNC

    PROC rModPos()      !专门用于手动示教目标点的程序
        MoveL pPick,v10,fine,tGripper\WObj:=WobjInfeeder;
```
!示教拾取点 pPick，在工件坐标系 WobjInfeeder 下
```
        MoveL pPlaceBase,v10,fine,tGripper\WObj:=WobjBuffer;
```
!示教放置基准点 pPlaceBase，在工件坐标系 WobjBuffer 下
```
        MoveL pHome,v10,fine,tGripper;
```
!示教安全点 pHome，在工件坐标系 Wobj0 下
```
    ENDPROC
ENDMODULE
```

3.2.6 目标点的示教

在任务工作站中，需要示教的目标点有 3 个，分别是安全点 pHome、放置基准点 pPlaceBase、拾取点 pPick。

对于目标点的示教，要注意每一个目标点所使用的工具坐标和工件坐标是什么，在进行示教操作的时候需要在示教器的手动操纵界面下选择相应的工具坐标和工件坐标，然后再操作机器人到达目标点，否则 RobotStudio 软件会报错。示教目标点的步骤见表 3-28。

表 3-28 示教目标点的步骤

步骤	图例
在手动操纵界面选择工具坐标 tGripper 和工件坐标 Wobj0 进行安全点 pHome 的示教。 在示教目标点例行程序中单击 pHome，手动操作机器人吸盘到图示的位置（也可使用机器人的机械原点作为安全点），单击"修改位置"即完成安全点的示教	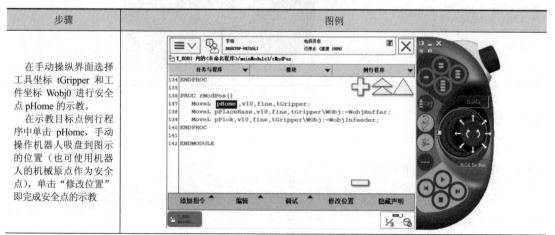

（续）

步骤	图例
	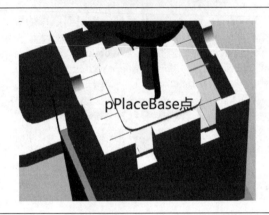
在手动操纵界面选择工具坐标 tGripper 和工件坐标 WobjBuffer 进行放置基准点 pPlaceBasee 的示教。 采用示教 pHome 点相同的方法示教 pPlaceBase，手动操作机器人吸盘到图示位置，单击"修改位置"即完成放置基准点的示教	
在手动操纵界面选择工具坐标 tGripper 和工件坐标 WobjInfeeder 进行拾取点 pPick 的示教。 采用示教 pHome 点相同的方法示教 pPick，手动操作机器人吸盘到图示的拾取点，单击"修改位置"即完成拾取点的示教	

3.3 知识拓展

3.3.1 关节运动范围的设定

在某些特殊情况下，因为工作环境或控制的需要，需要对机器人关节轴的运动范围进行设定。操作方法见表 3-29。

表 3-29 关节运动范围的设定步骤

步骤	图例
单击左上角主菜单按钮，选择"控制面板"→"配置"，然后单击"主题"，选择"Motion"	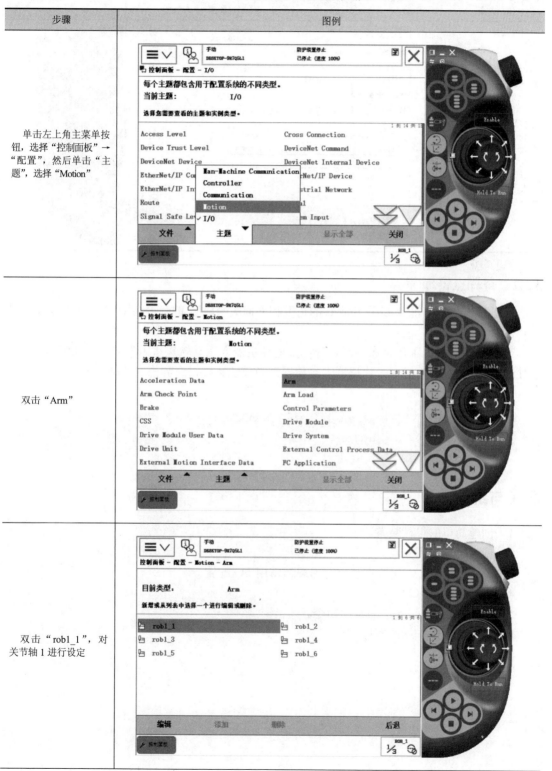
双击"Arm"	
双击"rob1_1"，对关节轴 1 进行设定	

（续）

步骤	图例
在参数列表中，通过修改"Upper Joint Bound"（关节轴正方向最大转动角度）和"Lower Joint Bound"（关节轴负方向最大转动角度）这两项参数来修改此关节轴的运动范围。 默认情况下，IRB120 机器人 1 轴的转动范围是 ±2.87979rad（即±165°）	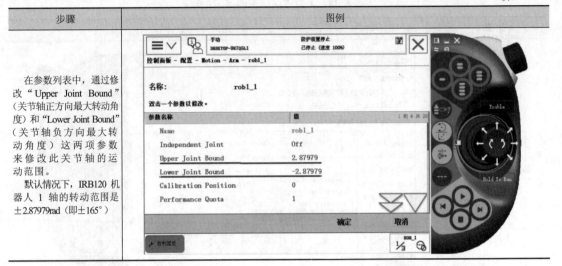

3.3.2 奇异点管理

当机器人的关节轴 4 和关节轴 6 的角度相同而关节轴 5 的角度为 0° 时，机器人处于奇异点。

当在设计夹具及工作站布局时，应尽量避免机器人运动轨迹进入奇异点，在编程时，可以使用 SingArea 这个指令去让机器人自动规划当前轨迹经过奇异点时的插补方式。

例如：

```
SingArea\Wrist;    ! 允许轻微改变工具的姿态，以便通过奇异点
SingArea\Off;      ! 关闭自动插补
```

思考与练习

1．创建简单的机械装置。
2．创建机器人用夹具。
3．简述常用的 I/O 配置方法，练习搬运常用 I/O 配置。
4．练习目标点示教。
5．简述 RobotStudio 中的常用指令。
6．完成搬运工作站的程序设计。

第4章 码垛机器人的离线编程

◆ **学习目标**

1. 学会中断程序的运用。
2. 学会码垛常用 I/O 配置。
3. 学会使用离线软件进行码垛数据创建。
4. 学会使用离线软件进行码垛程序编写。
5. 学会码垛节拍优化技巧。

◆ **任务描述**

本工作站以箱体码垛为例（如图 4-1 所示），利用 IRB460 机器人完成码垛任务，整个工作站由产品输入线和产品输出位组成。本工作站中已经预设码垛动作效果（包含产品流动、夹具动作、产品的拾取和放置等），需要在此工作站中依次完成 I/O 配置、程序数据创建、目标点示教、程序编写及调试，最终完成整个码垛工作站的码垛任务。

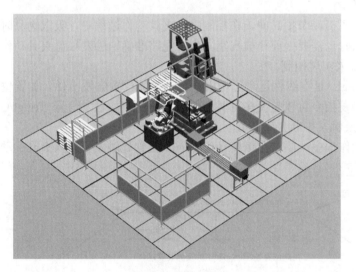

码垛工作站
动画

码垛工作站
文件下载

图 4-1　码垛工作站

4.1 知识储备——高级指令

4.1.1 轴配置监控指令

1. 指令 ConfL

ConfL 用于指定机器人在线性运动及圆弧运动过程中是否严格遵循程序中已设定的轴配置参数。在默认情况下，轴配置监控是打开的，当关闭轴配置监控后，机器人在运动过程中采取最接近当前轴配置数据的配置到达指定目标点，影响的是 MoveL。

示例：

```
CONST robtarget p10:=[[*.*.*].[**,**],[1,0,1,0],[9E9,9E9,9E9,9E9,9E9,9E9]];
！目标点 p10 中，数据[1,0,1,0]就是此目标点的轴配置数据
ConfL \Off;
MoveL p10, v1000, fine, tool0;
```

在程序执行时，机器人自动匹配一组最接近当前各关节轴姿态的轴配置数据移动至目标点 p10，到达 p10 时，轴配置数据则不一定为程序中指定的[1,0,1,0]。

在某些应用场合，如离线编程创建目标点或手动示教相邻两目标点间轴配置数据相差较大时，在机器人运动过程中容易出现报警"轴配置错误"而造成停机。此种情况下，若对轴配置要求较高，则一般通过添加中间过渡点；若对轴配置要求不高，则可通过指令 ConfL\Off 关闭轴监控，使机器人自动匹配可行的轴配置来到达指定目标点。

2．指令 ConfJ

ConfJ 用法与 ConfL 相同，只不过前者为关节线性运动过程中的轴监控开关，影响的是 MoveJ；而后者为线性运动过程中的轴监控开关，影响的是 MoveL。

4.1.2 动作触发指令

在搬运过程中，为了提高节拍时间，在控制吸盘夹具动作过程中，吸取物品时需要提前打开真空，在放置物品时也需要提前释放真空。为了能够准确地触发吸盘夹具动作，通常采用动作触发指令 TriggL 来实现控制。

动作触发指令 TriggL 是在线性运动过程中，在指定的位置触发事件，如置位输出信号和激活中断等。动作触发指令可以定义多种类型的触发事件，如触发信号 TriggI/O、触发装置动作 TriggEquip，以及触发中断 TriggInt。

示例：触发装置动作程序，要求在距离终点 10mm 位置处触发机器人夹具的动作，触发动作如图 4-2 所示。

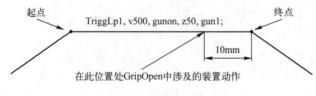

图 4-2　触发动作

```
VAR triggdata GripOpen；！定义触发数据 GripOpen
TriggEquip GripOpen, 10, 0.1\DOp:=doGripOn, 1;          ！定义触发事件 GripOpen，在距离目标点 10mm 处，并提前 0.1s（用于抵消设备动作延迟时间）触发指定事件，将数字输出信号 doGripOn 置为 1
TriggL pl, v500,  GripOpen, z50, tGripper;          ！执行 TriggL，调用触发事件 GripOpen，即机器人 TCP 在朝向 p1 运动的过程中，在距离 p1 前 10mm 处，并且再提前 0.1s，将 doGripOn 置为 1
```

如果触发距离的参考点是起点，则在触发距离后面添加变量\Start，例如：

```
TriggEquip GripOpen, 10 Start, 0. 1\DOp:=doGripOn,l;
```

4.1.3 中断及功能程序

1．中断程序

在 RAPID 程序执行过程中，如果发生需要紧急处理的情况，这时就要求工业机器人中断当前正在执行的程序，程序指针 PP 马上跳转到专门的程序中对紧急的情况进行相应处理，处理结束后程序指针 PP 返回原来被中断的地方，继续往下执行程序。专门用来处理紧急情况的专门程序，被称为中断程序（TRAP）。

中断程序经常用于出错处理、外部信号响应等实时响应要求高的场合。

示例：

```
PROC rIntall()   ! 用于初始化的例行程序
VAR intnum intnol; !定义中断数据 intnol
IDelete intnol ; !取消当前中断符 intnol 的连接，预防误触发
CONNECT intnol WITH tTrap; !将中断符与中断程序 tTrap 连接
ISignalDI dil, 1, intnol; !定义触发条件，即当数字输入信号 dil 为 1 时，触发该中断程序
END PROC
TRAP tTrap   ! 中断程序
regl:=reg1+1 ;
END TRAP
```

在程序中不需要对该中断程序进行调用，在初始化程序中定义触发条件，当程序运行完定义语句后进入中断程序。若在 ISignalDI 后面加上变量\Single，则中断程序只会在中断触发信号第一次置 1 时触发相应的中断程序，以后将不再触发，即中断程序只执行一次。

2．功能程序

在 ABB 工业机器人的 RAPID 编程中的功能（FUNCTION）可以看作带返回值的例行程序，并可以将其封装成为一个指定功能的模块，使用时只需要输入指定类型的数据就可以返回一个值存放到对应的程序数据。

示例：

```
FUNC bool CurrentPos(robtarget ComparePos,INOUT tooldata TCP)
!检测目标点功能程序，带有两个参数，比较目标点和所使用的工具数据
VAR num Counter:=0;        !定义数字型数据 Counter
VAR robtarget ActualPos;   !定义目标点数据 ActualPos
ActualPos:=CRobT(\Tool:=tGripper\WObj:=wobj0);
!利用 CRobT 功能读取当前机器人目标位置并赋值给 ActualPos
IF ActualPos.trans.x>ComparePos.trans.x-25 AND ActualPos.trans.x<
ComparePos.trans.x+25 Counter:=Counter+1;
IF ActualPos.trans.y>ComparePos.trans.y-25 AND ActualPos.trans.y<
ComparePos.trans.y+25 Counter:=Counter+1;
IF ActualPos.trans.z>ComparePos.trans.z-25 AND ActualPos.trans.z<
ComparePos.trans.z+25 Counter:=Counter+1;
IF ActualPos.rot.q1>ComparePos.rot.q1-0.1 AND ActualPos.rot.q1<
ComparePos.rot.q1+0.1 Counter:=Counter+1;
IF ActualPos.rot.q2>ComparePos.rot.q2-0.1 AND ActualPos.rot.q2<
ComparePos.rot.q2+0.1 Counter:=Counter+1;
```

IF ActualPos.rot.q3>ComparePos.rot.q3-0.1 AND ActualPos.rot.q3< ComparePos.rot.q3+0.1 Counter:= Counter+1;

IF ActualPos.rot.q4>ComparePos.rot.q4-0.1 AND ActualPos.rot.q4< ComparePos.rot.q4+0.1 Counter:= Counter+1;

!将当前机器人所在目标位置数据与给定目标点位置数据进行比较，共七项数值，分别是 X、Y、Z 坐标值以及工具姿态数据 q1、q2、q3、q4 里面的偏差值，X、Y、Z 坐标偏差值 25 可根据实际情况进行调整。每项比较结果成立，则计数 Counter 加 1，七项全部满足的话，则 Counter 数值为 7

RETURN Counter=7;

!返回判断式结果，若 Counter 为 7，则返回 TRUE，若不为 7，则返回 FALSE

ENDFUNC

PROC rCheckHomePos()

!检测是否在 Home 点程序

VAR robtarget pActualPos; !定义一个目标点数据 pActualPos

IF NOT CurrentPos(pHome,tGripper) THEN

!调用功能程序 CurrentPos。此为一个布尔量型的功能程序，括号里面的参数分别指的是所要比较的目标点以及使用的工具数据。

!这里写入的是 pHome，是将当前机器人位置与 pHome 点进行比较，若在 Home 点，则此布尔量为 True；若不在 Home 点，则为 False。

!在此功能程序的前面加上一个 NOT，则表示当机器人不在 Home 点时才会执行 IF 判断中机器人返回 Home 点的动作指令

pActualpos:=CRobT(\Tool:=tGripper\WObj:=wobj0);

!利用 CRobT 功能读取当前机器人目标位置并赋值给目标点数据 pActualpos

pActualpos.trans.z:=pHome.trans.z

!将 pHome 点的 Z 值赋给 pActualpos 点的 Z 值

MoveL pActualpos,v100,z10,tGripper;

!移至已被赋值的后的 pActualpos 点

MoveL pHome,v100,fine,tGripper;

!移至 pHome，上述指令的目的是需要先将机器人提升至与 pHome 点一样的高度，之后再平移至 pHome 点，这样可以简单地规划一条安全回 Home 点的轨迹

ENDIF ENDPROC

4.1.4 复杂数据

程序中的数据大多是组合型数据，包含多项数值或字符串。可以对其中的任何一项参数进行赋值。

例如常见的目标点数据：

PERS robtarget P10:=[[0,0,0],[1,0,0,0],[0,0,0,0],[9E9,9E9,9E9,9E9,9E9,9E9]];
PERS robtarget P20:=[[100,0,0],[0,0,1,0],[1,0,1,0],[9E9,9E9,9E9,9E9,9E9,9E9]];

目标点数据中包含了 4 组数据，从前往后依次为：TCP 位置数据[100,0,0] (trans)、TCP 姿态数据[0,0,1,0] (rot)、轴配置参数[1,0,1,0] (robconf)和外部数据[9E9, 9E9, 9E9, 9E9, 9E9, 9E9](extax)，可以分别对该数据的各项数值进行操作，如：

P10.trans.x:= P20.trans.x+30;
P10.trans.y:= P20.trans.y-30;

```
P10.trans.z:= P20.trans.z+60;
P10.rot:=P20.rot;
P10.robconf:=P20. Robconf;
```

进行赋值后 P10 变为：

```
P10:=[[130, -30,60], [0,0,1,0],[1,0,1,0],[9E9,9E9,9E9,9E9,9E9,9E9]];
```

4.2 任务实施——码垛机器人编程与仿真

4.2.1 配置 I/O 单元及信号

1. 配置 I/O 单元

在工作站中，使用标准 I/O 板 DSQC652，在虚拟示教器中，根据表 4-1 的参数配置 I/O 单元。

表 4-1 I/O 单元配置

Name	Network	Address
board10	DeviceNet	10

2. 配置 I/O 信号

在虚拟示教器中，根据表 4-2 的参数配置 I/O 信号。

表 4-2 I/O 信号配置及说明

序号	Name	Type of Signal	Assigned to Device	Device Mapping	I/O 信号注解
1	di01_BoxInPos_R	Digital Input	board10	1	产品到位信号
2	di03_PalletPos_R	Digital Input	board10	3	码盘到位信号
3	di07_MotorOn	Digital Input	board10	7	电动机上电
4	di08_Start	Digital Input	board10	8	程序开始
5	di09_Stop	Digital Input	board10	9	程序停止
6	di10_StartAtMain	Digital Input	board10	10	从主程序开始
7	di11_EstopReset	Digital Input	board10	11	急停复位
8	do00_ClampAct	Digital Output	board10	0	控制夹板
9	do01_HooKAct	Digital Output	board10	1	控制钩爪
10	do03_PalletFull_R	Digital Output	board10	2	码盘满载信号
11	do05_AutoOn	Digital Output	board10	3	电动机上电
12	do06_Estop	Digital Output	board10	4	急停状态
13	do07_CycleOn	Digital Output	board10	5	运行状态
14	do08_Error	Digital Output	board10	6	程序报错

3. 配置系统输入与输出

在虚拟示教器中，根据表 4-3 的参数配置系统输入与输出。

表 4-3　系统输入与输出配置

序号	Type	Signal Name	Action	Argumen1	注释
1	System Input	di07_MotorOn	MotorOn	无	电动机上电
2	System Input	di08_Start	Start	Continuous	程序启动
3	System Input	di09_Stop	Stop	无	程序停止
4	System Input	di10_StartAtMain	Start At Main	Continuous	从主程序启动
5	System Input	di11_EstopReset	Reset Emergency stop	无	急停状态恢复

序号	Type	Signal Name	Status	Argumen1	注释
1	System Output	do05_AutoOn	Auto On	无	电动机上电状态
2	System Output	do06_Estop	Emergency stop	无	急停状态
3	System Output	do07_CycleOn	CycleOn	无	程序正在运行
4	System Output	do08_Error	Execution Error	T_ROB1	程序报错

4.2.2　创建工具数据

在虚拟示教器中，根据表 4-4 的参数设置工具数据 tGripper，如图 4-3 所示。

表 4-4　工具数据设置

参数名称	参数值
robothold	TRUE
trans	
X	0
Y	0
Z	527
rot	
q1	1
q2	0
q3	0
q4	0
mass	20
cog	
X	0
Y	0
Z	150
其余参数均为默认值	

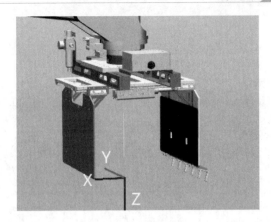

图 4-3　工具 TCP

4.2.3　创建工件坐标系

在虚拟示教器中，根据图 4-4 所示位置设定工件坐标 WobjPallet_R。本工作站中，工件坐标系均采用三点法创建。

图 4-4　工件坐标系的位置

4.2.4　创建载荷数据

在虚拟示教器中，根据表 4-5 的参数设置载荷数据 LoadFull。

表 4-5　载荷数据设置

参数名称	参数值
mass	20
cog	
X	0
Y	0
Z	300
其余参数均为默认值	

4.2.5 参考程序

1. 程序注释

```
MODULE MainMoudle
    PERS wobjdata WobjPallet_R:=[FALSE,TRUE,"",[[ -421.764,1102.39, -233.373],[1,0,0,0]],
[[0,0,0],[1,0,0,0]]];
    ! 定义码盘工件坐标系
    PERS tooldata tGripper:=[TRUE,[[0,0,527],[1,0,0,0]],[20,[0,0,150],[1,0,0,0],0,0,0]];
    ! 定义工具坐标系
    PERS loaddata LoadFull:=[20,[0,0,300],[1,0,0,0],0,0,0.1];
    ! 定义有效载荷
    PERS wobjdata CurWobj;
    ! 定义工件坐标系, 此工件坐标系为当前使用的坐标系
    PERS jointtarget jposHome:=[[0,0,0,0,0,0],[9E+09,9E+09,9E+09,9E+09,9E+09,9E+09]];
    ! 定义关节点数据, 各关节轴数据为零, 用于手动将机器人运动至各关节机械零位
    CONST robtarget pPlaceBase0_R:=[[296.473529255,212.21064316,3.210904169],
[0,0.707221603, -0.70699194,0],[1,0,0,0],[9E9,9E9,9E9,9E9,9E9,9E9]];
    ! 0° 放置基准位置
    CONST robtarget pPlaceBase90_R:=[[218.407102669,695.953395421,3.210997808],
[0, -0.00038594,0.999999926,0],[1,0,1,0],[9E9,9E9,9E9,9E9,9E9,9E9]];
    ! 90° 放置基准位置
    CONST robtarget pPick_R:=[[1611.055992534,442.364097921, -26.736584068],
[0,0.707220363, -0.706993181,0],[0,0, -1,0],[9E9,9E9,9E9,9E9,9E9,9E9]];
    ! 抓取位置
    CONST robtarget pHome:=[[1505.00, -0.00,878.55],[1.28548E-06,0.707107, -0.707107,
-1.26441E-06],[0,0, -2,0],[9E+09,9E+09,9E+09,9E+09,9E+09,9E+09]];
    ! 程序 Home 点
    PERS robtarget pPlaceBase0;
    PERS robtarget pPlaceBase90;
    PERS robtarget pPick;
    PERS robtarget pPlace;
    ! 定义目标点数据, 机器人当前使用的目标点
    PERS robtarget pPickSafe;
    ! 安全高度
    PERS num nCycleTime:=3.64;
    ! 定义数字型数据, 用于存储单次节拍时间
    PERS num nCount_R:=1;
    ! 定义数字型数据, 用于计数
    PERS num nPallet:=2;
    ! 定义数字型数据, 利用 TEST 指令判断, 当其为 2 时进行码垛
    PERS num nPalletNo:=2;
    ! 定义数字型数据, 利用 TEST 指令判断, 当其为 2 时进行码垛
    PERS num nPickH:=300;
    PERS num nPlaceH:=400;
    ! 定义数字型数据, 分别对应抓取和放置时的安全高度
    PERS num nBoxL:=605;
```

```
        PERS num nBoxW:=405;
        PERS num nBoxH:=300;
   ! 定义数字型数据,分别是产品的长、宽和高
        VAR   clock Timer1;
   ! 定义时钟数据,用于计时
        PERS bool bReady:=TRUE;
   ! 定义布尔型数据,用于判断是否满足码垛条件
        PERS bool bPalletFull_R:=FALSE;
   ! 定义布尔型数据,用于判断码盘是否已满
        PERS bool bGetPosition:=TRUE;
   ! 定义布尔型数据,用于判断是否已计算出当前的取放位置
        VAR triggdata HookAct;
        VAR triggdata HookOff;
   ! 定义两个触发数据,分别对应夹具上勾爪的夹紧与松开动作
        VAR intnum iPallet_R;
   ! 定义中断符,用于复位操作
        PERS speeddata vMinEmpty:=[2000,400,6000,1000];
        PERS speeddata vMidEmpty:=[3000,400,6000,1000];
        PERS speeddata vMaxEmpty:=[5000,500,6000,1000];
        PERS speeddata vMinLoad:=[1000,200,6000,1000];
        PERS speeddata vMidLoad:=[2500,500,6000,1000];
        PERS speeddata vMaxLoad:=[4000,500,6000,1000];
```
! 定义多种速度数据,分别对应空载时的高、中、低速和满载时的高、中、低速,便于对各个动作进行速度控制
```
        PERS num Compensation{15,3}:=[[0,0,0],[0,0,0],[0,0,0],[0,0,0],[0,0,0],[0,0,0],[0,0,0],
[0,0,0],[0,0,0],[0,0,0],[0,0,0],[0,0,0],[0,0,0],[0,0,0],[0,0,0]];
```
! 定义二维数组,用于各个摆放位置的偏差调整;15 组数据,对应 15 个摆放位置,每组数据 3 个数值,对应 X、Y、Z 的偏差值

```
    PROC main()
    ! 主程序
        rInitAll;
    ! 调用初始化程序,包括复位、复位程序数据、初始化中断等
        WHILE TRUE DO
            IF bReady THEN
                rPick;
    ! 调用抓取程序
                rPlace;
    ! 调用放置程序
            ENDIF
            rCycleCheck;
    ! 调用循环检测程序
        ENDWHILE
    ENDPROC

    PROC rInitAll()
```

```
！初始化程序
    rCheckHomePos;
    ConfL\OFF;
    ConfJ\OFF;
    nCount_R:=1;
    nPallet:=1;
    nPalletNo:=1;
    bPalletFull_R:=FALSE;
    bGetPosition:=FALSE;
    Reset do00_ClampAct;
    Reset do01_HookAct;
    ClkStop Timer1;
    ClkReset Timer1;
    TriggEquip HookAct,100,0.1\DOp:=do01_HookAct,1;
    TriggEquip HookOff,100\Start,0.1\DOp:=do01_HookAct,0;
    IDelete iPallet_R;
    CONNECT iPallet_R WITH tEjectPallet_R;
    ISignalDI di03_PalletInPos_R,0,iPallet_R;
ENDPROC

PROC rPick()
！抓取程序
    ClkReset Timer1;
    ClkStart Timer1;
    rCalPosition;
    MoveJ Offs(pPick,0,0,nPickH),vMaxEmpty,z50,tGripper\WObj:=wobj0;
    MoveL pPick,vMinLoad,fine,tGripper\WObj:=wobj0;
    Set do00_ClampAct;
    Waittime 0.3;
    GripLoad LoadFull;
    TriggL Offs(pPick,0,0,nPickH),vMinLoad,HookAct,z50,tGripper\WObj:=wobj0;
    MoveL pPickSafe,vMaxLoad,z100,tGripper\WObj:=wobj0;
ENDPROC

PROC rPlace()
！放置程序
    MoveJ Offs(pPlace,0,0,nPlaceH),vMaxLoad,z50,tGripper\WObj:=CurWobj;
    TriggL pPlace,vMinLoad,HookOff,fine,tGripper\WObj:=CurWobj;
    Reset do00_ClampAct;
    Waittime 0.3;
    GripLoad Load0;
    MoveL Offs(pPlace,0,0,nPlaceH),vMinEmpty,z50,tGripper\WObj:=CurWobj;
    rPlaceRD;
    MoveJ pPickSafe,vMaxEmpty,z50,tGripper\WObj:=wobj0;
    ClkStop Timer1;
    nCycleTime:=ClkRead(Timer1);
```

```
ENDPROC

PROC rCycleCheck()
!周期循环检查
    TPErase;
    TPWrite "The Robot is running!";
    TPWrite "Last cycle time    is   : "\Num:=nCycleTime;
    TPWrite "The number of the Boxes in the Left pallet is:"\Num:=nCount_L-1;
    TPWrite "The number of the Boxes in the Right pallet is:"\Num:=nCount_R-1;
    IF ((bPalletFull_R=FALSE AND di03_PalletInPos_R=1 AND di01_BoxInPos_R=1) THEN
        bReady:=TRUE;
    ELSE
        bReady:=FALSE;
        WaitTime 0.1;
    ENDIF
ENDPROC


PROC rCalPosition()
!计算位置程序
    bGetPosition:=FALSE;
    WHILE bGetPosition=FALSE DO
        TEST nPallet
        IF bPalletFull_R=FALSE AND di03_PalletInPos_R=1 AND di01_BoxInPos_R=1 THEN
                pPick:=pPick_R;
                pPlaceBase0:=pPlaceBase0_R;
                pPlaceBase90:=pPlaceBase90_R;
                CurWobj:=WobjPallet_R;
                pPlace:=pPattern(nCount_R);
                bGetPosition:=TRUE;
                nPalletNo:=2;
            ELSE
                bGetPosition:=FALSE;
            ENDIF
            nPallet:=1;
        DEFAULT:
            TPERASE;
            TPWRITE "The data 'nPallet' is error,please check it!";
            Stop;
        ENDTEST
    ENDWHILE
ENDPROC

FUNC robtarget pPattern(num nCount)
!计算摆放位置功能程序，此程序为带参数的程序
    VAR robtarget pTarget;
    IF nCount>=1 AND nCount<=5 THEN
```

```
            pPickSafe:=Offs(pPick,0,0,400);
        ELSEIF nCount>=6 AND nCount<=10 THEN
            pPickSafe:=Offs(pPick,0,0,600);
        ELSEIF nCount>=11 AND nCount<=15 THEN
            pPickSafe:=Offs(pPick,0,0,800);
        ENDIF
        TEST nCount
        CASE 1:
            pTarget.trans.x:=pPlaceBase0.trans.x;
            pTarget.trans.y:=pPlaceBase0.trans.y;
            pTarget.trans.z:=pPlaceBase0.trans.z;
            pTarget.rot:=pPlaceBase0.rot;
            pTarget.robconf:=pPlaceBase0.robconf;
            pTarget:=Offs(pTarget,Compensation{nCount,1},Compensation{nCount,2},Compensation
{nCount,3});
        CASE 2:
            pTarget.trans.x:=pPlaceBase0.trans.x+nBoxL;
            pTarget.trans.y:=pPlaceBase0.trans.y;
            pTarget.trans.z:=pPlaceBase0.trans.z;
            pTarget.rot:=pPlaceBase0.rot;
            pTarget.robconf:=pPlaceBase0.robconf;
            pTarget:=Offs(pTarget,Compensation{nCount,1},Compensation{nCount,2},Compensation
{nCount,3});
        CASE 3:
            pTarget.trans.x:=pPlaceBase90.trans.x;
            pTarget.trans.y:=pPlaceBase90.trans.y;
            pTarget.trans.z:=pPlaceBase90.trans.z;
            pTarget.rot:=pPlaceBase90.rot;
            pTarget.robconf:=pPlaceBase90.robconf;
            pTarget:=Offs(pTarget,Compensation{nCount,1},Compensation{nCount,2},Compensation
{nCount,3});
        CASE 4:
            pTarget.trans.x:=pPlaceBase90.trans.x+nBoxW;
            pTarget.trans.y:=pPlaceBase90.trans.y;
            pTarget.trans.z:=pPlaceBase90.trans.z;
            pTarget.rot:=pPlaceBase90.rot;
            pTarget.robconf:=pPlaceBase90.robconf;
            pTarget:=Offs(pTarget,Compensation{nCount,1},Compensation{nCount,2},Compensation
{nCount,3});
        CASE 5:
            pTarget.trans.x:=pPlaceBase90.trans.x+2*nBoxW;
            pTarget.trans.y:=pPlaceBase90.trans.y;
            pTarget.trans.z:=pPlaceBase90.trans.z;
            pTarget.rot:=pPlaceBase90.rot;
            pTarget.robconf:=pPlaceBase90.robconf;
            pTarget:=Offs(pTarget,Compensation{nCount,1},Compensation{nCount,2},Compensation
```

```
{nCount,3});
    CASE 6:
        pTarget.trans.x:=pPlaceBase0.trans.x;
        pTarget.trans.y:=pPlaceBase0.trans.y+nBoxL;
        pTarget.trans.z:=pPlaceBase0.trans.z+nBoxH;
        pTarget.rot:=pPlaceBase0.rot;
        pTarget.robconf:=pPlaceBase0.robconf;
        pTarget:=Offs(pTarget,Compensation{nCount,1},Compensation{nCount,2},Compensation
{nCount,3});
    CASE 7:
        pTarget.trans.x:=pPlaceBase0.trans.x+nBoxL;
        pTarget.trans.y:=pPlaceBase0.trans.y+nBoxL;
        pTarget.trans.z:=pPlaceBase0.trans.z+nBoxH;
        pTarget.rot:=pPlaceBase0.rot;
        pTarget.robconf:=pPlaceBase0.robconf;
        pTarget:=Offs(pTarget,Compensation{nCount,1},Compensation{nCount,2},Compensation
{nCount,3});
    CASE 8:
        pTarget.trans.x:=pPlaceBase90.trans.x;
        pTarget.trans.y:=pPlaceBase90.trans.y-nBoxW;
        pTarget.trans.z:=pPlaceBase90.trans.z+nBoxH;
        pTarget.rot:=pPlaceBase90.rot;
        pTarget.robconf:=pPlaceBase90.robconf;
        pTarget:=Offs(pTarget,Compensation{nCount,1},Compensation{nCount,2},Compensation
{nCount,3});
    CASE 9:
        pTarget.trans.x:=pPlaceBase90.trans.x+nBoxW;
        pTarget.trans.y:=pPlaceBase90.trans.y-nBoxW;
        pTarget.trans.z:=pPlaceBase90.trans.z+nBoxH;
        pTarget.rot:=pPlaceBase90.rot;
        pTarget.robconf:=pPlaceBase90.robconf;
        pTarget:=Offs(pTarget,Compensation{nCount,1},Compensation{nCount,2},Compensation
{nCount,3});
    CASE 10:
        pTarget.trans.x:=pPlaceBase90.trans.x+2*nBoxW;
        pTarget.trans.y:=pPlaceBase90.trans.y-nBoxW;
        pTarget.trans.z:=pPlaceBase90.trans.z+nBoxH;
        pTarget.rot:=pPlaceBase90.rot;
        pTarget.robconf:=pPlaceBase90.robconf;
        pTarget:=Offs(pTarget,Compensation{nCount,1},Compensation{nCount,2},Compensation
{nCount,3});
    CASE 11:
        pTarget.trans.x:=pPlaceBase0.trans.x;
        pTarget.trans.y:=pPlaceBase0.trans.y;
        pTarget.trans.z:=pPlaceBase0.trans.z+2*nBoxH;
        pTarget.rot:=pPlaceBase0.rot;
```

```
                    pTarget.robconf:=pPlaceBase0.robconf;
                    pTarget:=Offs(pTarget,Compensation{nCount,1},Compensation{nCount,2},Compensation
{nCount,3});
        CASE 12:
                    pTarget.trans.x:=pPlaceBase0.trans.x+nBoxL;
                    pTarget.trans.y:=pPlaceBase0.trans.y;
                    pTarget.trans.z:=pPlaceBase0.trans.z+2*nBoxH;
                    pTarget.rot:=pPlaceBase0.rot;
                    pTarget.robconf:=pPlaceBase0.robconf;
                    pTarget:=Offs(pTarget,Compensation{nCount,1},Compensation{nCount,2},Compensation
{nCount,3});
        CASE 13:
                    pTarget.trans.x:=pPlaceBase90.trans.x;
                    pTarget.trans.y:=pPlaceBase90.trans.y;
                    pTarget.trans.z:=pPlaceBase90.trans.z+2*nBoxH;
                    pTarget.rot:=pPlaceBase90.rot;
                    pTarget.robconf:=pPlaceBase90.robconf;
                    pTarget:=Offs(pTarget,Compensation{nCount,1},Compensation{nCount,2},Compensation
{nCount,3});
        CASE 14:
                    pTarget.trans.x:=pPlaceBase90.trans.x+nBoxW;
                    pTarget.trans.y:=pPlaceBase90.trans.y;
                    pTarget.trans.z:=pPlaceBase90.trans.z+2*nBoxH;
                    pTarget.rot:=pPlaceBase90.rot;
                    pTarget.robconf:=pPlaceBase90.robconf;
                    pTarget:=Offs(pTarget,Compensation{nCount,1},Compensation{nCount,2},Compensation
{nCount,3});
        CASE 15:
                    pTarget.trans.x:=pPlaceBase90.trans.x+2*nBoxW;
                    pTarget.trans.y:=pPlaceBase90.trans.y;
                    pTarget.trans.z:=pPlaceBase90.trans.z+2*nBoxH;
                    pTarget.rot:=pPlaceBase90.rot;
                    pTarget.robconf:=pPlaceBase90.robconf;
                    pTarget:=Offs(pTarget,Compensation{nCount,1},Compensation{nCount,2},Compensation
{nCount,3});
        DEFAULT:
                    TPErase;
                    TPWrite "The data 'nCount' is error,please check it !";
                    stop;
        ENDTEST
        Return pTarget;
ENDFUNC

PROC rPlaceRD()
    ! 码垛计数程序
        TEST nPalletNo
```

```
        Incr nCount_R;
            IF nCount_R>15 THEN
                Set do03_PalletFull_R;
                bPalletFull_R:=TRUE;
                nCount_R:=1;
            ENDIF
        DEFAULT:
            TPERASE;
            TPWRITE "The data 'nPalletNo' is error,please check it!";
            Stop;
        ENDTEST
ENDPROC


PROC rCheckHomePos()
! 检测 Home 点程序
    VAR robtarget pActualPos;
    IF NOT CurrentPos(pHome,tGripper) THEN
        pActualpos:=CRobT(\Tool:=tGripper\WObj:=wobj0);
        pActualpos.trans.z:=pHome.trans.z;
        MoveL pActualpos,v500,z10,tGripper;
        MoveJ pHome,v1000,fine,tGripper;
    ENDIF
ENDPROC


FUNC bool CurrentPos(robtarget ComparePos,INOUT tooldata TCP)
! 功能程序，用于比较机器人当前位置是否在给定目标点的偏差范围内
    VAR num Counter:=0;
    VAR robtarget ActualPos;
    ActualPos:=CRobT(\Tool:=TCP\WObj:=wobj0);
    IF ActualPos.trans.x>ComparePos.trans.x-25 AND
ActualPos.trans.x<ComparePos.trans.x+25 Counter:=Counter+1;
    IF ActualPos.trans.y>ComparePos.trans.y-25 AND
ActualPos.trans.y<ComparePos.trans.y+25 Counter:=Counter+1;
    IF ActualPos.trans.z>ComparePos.trans.z-25 AND
ActualPos.trans.z<ComparePos.trans.z+25 Counter:=Counter+1;
    IF ActualPos.rot.q1>ComparePos.rot.q1-0.1 AND
ActualPos.rot.q1<ComparePos.rot.q1+0.1 Counter:=Counter+1;
    IF ActualPos.rot.q2>ComparePos.rot.q2-0.1 AND
ActualPos.rot.q2<ComparePos.rot.q2+0.1 Counter:=Counter+1;
    IF ActualPos.rot.q3>ComparePos.rot.q3-0.1 AND
ActualPos.rot.q3<ComparePos.rot.q3+0.1 Counter:=Counter+1;
    IF ActualPos.rot.q4>ComparePos.rot.q4-0.1 AND
ActualPos.rot.q4<ComparePos.rot.q4+0.1 Counter:=Counter+1;
    RETURN Counter=7;
ENDFUNC
```

```
TRAP tEjectPallet_R
!中断程序
    Reset do03_PalletFull_R;
    bPalletFull_R:=FALSE;
ENDTRAP

PROC rMoveAbsj()
!机器人回零。手动将机器人移至各关节轴机械零点，在程序运行过程中不调用
    MoveAbsJ jposHome\NoEOffs, v100, fine, tGripper\WObj:=wobj0;
ENDPROC

PROC rModPos()
!手动示教目标点程序
    MoveL pHome,v100,fine,tGripper\WObj:=Wobj0;
    MoveL pPick_R,v100,fine,tGripper\WObj:=Wobj0;
    MoveL pPlaceBase0_R,v100,fine,tGripper\WObj:=WobjPallet_R;
    MoveL pPlaceBase90_R,v100,fine,tGripper\WObj:=WobjPallet_R;
ENDPROC
ENDMODULE
```

2. 目标点的示教

在任务工作站中，需要示教的目标点有 4 个，分别是安全点 pHome、拾取基准点 pPick_R、放置基准点 pPlaceBase0_R 和 pPlaceBase90_R，如图 4-5 所示。这 4 个点的示教均在手动示教目标点子程序 PROC rModPos( )中完成。

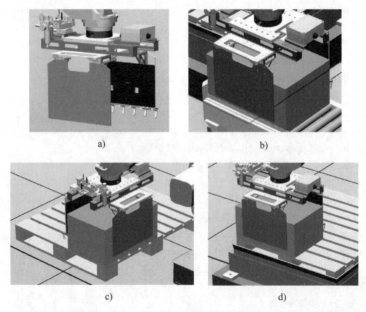

a)

b)

c)

d)

图 4-5 示教目标点

a) 安全点 pHome   b) 拾取基准点 pPick_R   c) 放置基准点 pPlaceBase0_R   d) pPlaceBase90_R

4.3 知识拓展

4.3.1 数组

在编写程序的过程中，有时候需要调用大量同种类型、同种用途的数据，可以用数组来存放这些数据。

例：定义一个二维数组

```
PERS num1 {3，4}：=[[1,2,3,4],[2,3,4,5],[3,4,5,6]]
!定义二维数组 num1

VAR num2：= num1 {3，4}
! num1 中 {3，4} 的值（即 6）被赋值给 num2
```

对于一些常见的码垛，可以利用数组来存放各个摆放位置数据，在放置程序中直接调用该数据即可。如图 4-6 所示，需要摆放 5 个位置，产品尺寸为 600mm×400mm。

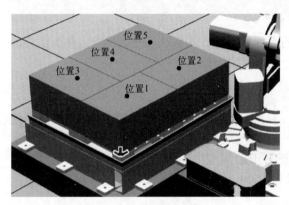

图 4-6　码垛位置

要存储 5 个摆放位置的数据，需要创建一个 {5，4} 的数组。数组中有 5 组数据，对应 5 个摆放位置；每组数据中有 4 项数值，分别对应 X、Y、Z 的偏移值及旋转角度。创建数组后，只需要示教一个基准点。程序为：

```
PERS num nPosition{5,4}:=[[0,0,0,0], [600,0,0,0], [-100,500,0, -90], [300, 500,0, -90], [700, 500,0, -90]];
PERS num nCount:=1;
! 定义数字型数据，用于产品计数
PROC rPlace()
……
MoveL RelTool(P1, nPosition{nCount, 1}, nPosition{nCount, 2}, nPosition{nCount, 3}\Rz:=nPosition
{nCount, 4}), V1000,fine,tGripper\WobjPallet_R;
……
ENDPROC
```

调用该数组时，第一项索引号为产品计数 nCount，利用 RelTool 功能将数组中每组数据的各项数值分别叠加到 X、Y、Z 偏移，以及绕着工具 Z 轴方向旋转的度数之上，可较为简单地实现码垛位置的计算。

4.3.2　带参数的例行程序

当几个例行程序的执行过程相似，只是起点不同时，可编写成带参数的例行程序，可以实现常用功能的模块化，通过参数传递到例行程序中执行，可以简化整个程序并提高编程效率。

例：编制一个带参数的正方形绘制通用程序。程序中需要用到两个参数：一个是正方形的顶点，一个是正方形的边长。

```
PROC rDraw_Square(robotarget pStart，num nSize)
MoveL pStart，v100，fine，tool1；
MoveL Offs（pStart，nSize，0，0），v100，fine，tool1；
MoveL Offs（pStart，nSize，-nSize，0），v100，fine，tool1；
MoveL Offs（pStart，0，-nSize，0），v100，fine，tool1；
MoveL pStart，v100，fine，tool1；
ENDPROC
```

在调用此带参数的例行程序时，需要输入一个目标点作为正方形的顶点，同时还需要输入一个数字型数据作为正方形的边长。

```
PROC rDraw()
rDraw_Square P10,150；
ENDPROC
```

在程序中，调用正方形绘制程序，机器人的运行轨迹以 P10 为起点，绘制边长为 150mm 的正方形，如图 4-7 所示。

4.3.3　码垛节拍优化

在码垛过程中，影响工作效率最为关键的因素是每一个运行周期的节拍。在码垛程序中，通常可以从如下几个方面对节拍进行优化：

1）整个机器人的码垛系统布局要合理，使拾取点和放置点尽可能近，优化夹具，缩短重量，缩短夹具开合时间；尽可能缩短机器人空运行的时间，在保证安全的前提下，减少过渡点；合理运用 MoveJ 指令代替 MoveL 指令。

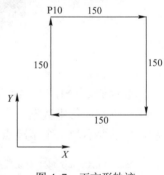

图 4-7　正方形轨迹

例如：在拾取放置动作过程中（如图 4-8 所示），机器人在拾取和放置之前需要先移动至其正上方处，之后再竖直上下对工件进行拾取和放置动作。

程序如下：

```
MoveJ pPickH，vEmptyMax，z50，tGripper；
MoveL pPick，vEmptyMin，fine，tGripper；
Set doGripper；
… …
```

图 4-8　放置拾取轨迹

```
MoveJ pPlaceH, vLoadMax, z50, tGripper;
MoveL pPlace, vLoadMin, fine, tGripper;
Reset doGripper;
……
```

当机器人 TCP 运动至 pPickH 和 pPlaceH 点位时，转弯半径设为 z50，机器人可在此两点处以半径 50mm 的轨迹圆滑过渡，速度衰减较小；在 pPick 和 pPlace 点位处需要置位夹具动作，一般情况下转弯半径设为 fine，以保证在机器人 TCP 完全到达目标点处再置位夹具。

2）程序中尽量少用 Waittime 等待时间指令，为了保证工件的夹持可靠，可在夹具上添加反馈信号，利用 WaitDI 指令，当等待条件满足时则立即执行。

例如：在夹取产品时，一般会预留夹具动作时间，设置等待时间过长则会降低节拍，过短则会导致夹具运动未到位，如果使用固定的等待时间 Waittime，不容易控制又可能会增加节拍。若利用 WaitDI 监控夹具到位反馈信号，可便于实现对夹具动作的监控及控制。

3）善于运用 Trigg 触发指令，使机器人在准确的位置触发事件，以便在机器人速度不衰减的情况下准确执行动作。例如真空夹具的提前开真空、释放真空，带钩爪夹具对钩爪的控制均可采用触发指令，可以保证在机器人速度不衰减的情况下实现事件在准确位置进行触发。

例如：某一真空吸盘式夹具对产品进行拾取的过程中，机器人需要在拾取位置上方 20mm 处将真空完全打开（以减少拾取过程的时间），夹具动作延迟时间 0.1s，如图 4-9 所示。

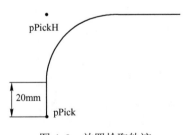

图 4-9　放置拾取轨迹

程序如下：

```
VAR triggdata VacuumOpen;
……
MoveJ pPickH, vEmptyMax，z50, tGripper;
TriggEquip VacuumOpen，20，0.1\Dop:=doVacuumOpen,1;
```

TriggL pPick，vEmptyMin，VacuumOpen,fine，tGripper；
… …

　　当机器人 TCP 运动至拾取点 pPick 上方 20mm 处就已经将真空完全打开，可以快速在工件表面产生真空并拾取工件，减少拾取过程的时间。

思考与练习

1. 练习码垛常用 I/O 配置。
2. 练习中断程序的设定。
3. 练习准确触发动作指令 Trigg 的使用。
4. 练习多工位码垛程序的编写。
5. 总结码垛节拍优化技巧。
6. 完成双工位码垛工作站的离线编程。

第5章　带输送链的工业机器人工作站构建与运行

◆ **学习目标**

1．掌握布局复杂机器人工作站的构建方法。
2．掌握使用 Smart 组件创建动态输送链的方法。
3．掌握使用 Smart 组件创建动态夹具的方法。
4．掌握工作站逻辑的设定方法。
5．能够完成工业机器人工作站中信号的设定。
6．能够完成复杂机器人工作站的程序编辑和调试。

◆ **任务描述**

构建一个带输送链的工业机器人工作站（如图 5-1 所示），需要实现：产品从输送链的末端随着输送链运动，当产品到达输送链的前端时自动停止，机器人通过安装在法兰末端的夹具夹取产品并放到垛盘上，然后机器人回到初始位置等待下一个产品到位，继续进行抓取并放置，垛盘上放够预定数目的产品后机器人停止工作，直到新的垛盘到位，机器人又开始继续工作。

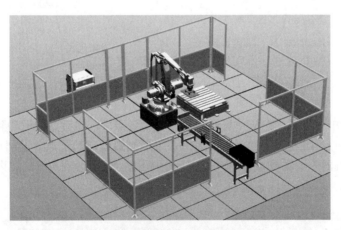

带输送链工作
站动画

带输送链工作
站文件下载

图 5-1　带输送链的工业机器人搬运工作站

要实现上述功能，需要完成工作站的构建、输送链及夹具的动态效果创建、信号设置、程序编写及调试。

5.1　知识储备——工作站的构建方法

5.1.1　工作站概述

机器人工作站是指以一台或多台机器人为主，配以相应的周边设备，如变位机、输送机、工装夹具等，或借助人工的辅助操作一起完成相对独立的一种作业或工序的一组设备组合。

机器人工作站主要由机器人及其控制系统、辅助设备以及其他周边设备所构成。在这种构成中，机器人及其控制系统应尽量选用标准装置，对于个别特殊的场合需设计专用机器人。而末端执行器等辅助设备以及其他周边设备则随着应用场合和工件特点的不同存在着较大差异。

5.1.2 运动轨迹程序

在编程的过程中，机器人经常需要沿着某种轨迹去完成相应的工作，下面以常见的 U 形槽和圆形轨迹为例，学习运动轨迹程序的编制。

程序的编写可以有两种方式，一是在示教器中新建例行程序然后依次添加指令，二是直接在 RobotStudio 主界面的 RAPID 中采用键盘手动输入相应指令，第二种方法要求对指令比较熟悉。

在编写程序工程中，需要注意当前激活的工具坐标系和工件坐标系。

1. U 形槽轨迹程序

如图 5-2 所示，U 形槽至少需要 6 个点位。

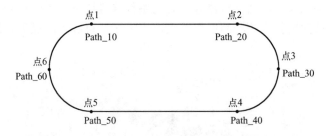

图 5-2　U 形槽点位

由图 5-2 可知，我们首先应使机器人直线运动到点 1，然后直线运动到点 2，接下来圆弧运动经过点 3 和点 4，之后直线运动到点 5，最后圆弧运动经过点 6 返回点 1，但是为了安全，需要首先将机器人运动到点 1 的正上方一段距离，然后再到点 1，结束的时候也应该将机器人移动到点 1 正上方一段距离。

```
PROC U_shape()
        MoveJ Offs(Path1_10,0,0,200),v2000,z20, ToolPath\WObj:=WobjPath;
    ! 使用 Offs 将机器人偏移到目标点 Path1_10 正上方 200mm 处，关节运动，速度 2000，转弯半
径 20，使用工件坐标 ToolPath，工件坐标 WobjPath
        MoveL Path1_10,v500,fine, ToolPath\WObj:=WobjPath;
    ! 直线运动到目标点 Path1_10
        MoveL Path1_20,v200,z5, ToolPath\WObj:=WobjPath;
    ! 直线运动到目标点 Path1_20
        MoveC Path1_30,Path1_40,v200,z5, ToolPath\WObj:=WobjPath;
    ! 圆弧运动经过目标点 Path1_30 到达 Path1_40
        MoveL Path1_50,v200,z5, ToolPath\WObj:=WobjPath;
    ! 直线运动到目标点 Path1_50
```

```
    MoveC Path1_60,Path1_10,v200,fine, ToolPath\WObj:=WobjPath;
!  圆弧运动经过目标点 Path1_60 到达 Path1_10
    MoveL Offs(Path1_10,0,0,200),v500,z20, ToolPath\WObj:=WobjPath;
!  直线运动到目标点 Path1_10 正上方 200mm 处
ENDPROC
```

完成 U 形槽轨迹程序的编写后，需要对目标点 Path1_10 至 Path1_60 的 6 个点位进行手动示教，才能够进行轨迹程序的运行。

2．圆形轨迹程序

一条圆弧指令 MoveC 经过的角度不可超过 240°，完成一个整圆至少需要两条 MoveC 指令，而需要进行示教的点位至少需要 4 个，如图 5-3 所示。在轨迹编辑过程中可以参考之前的操作，示教 4 个目标点，然后利用 MoveC 完成运动。

为了减少示教目标点的数量，下面用偏移函数 TelTool（相对工具坐标系的偏移）来完成一个半径为 100mm 的圆形轨迹的程序编辑。

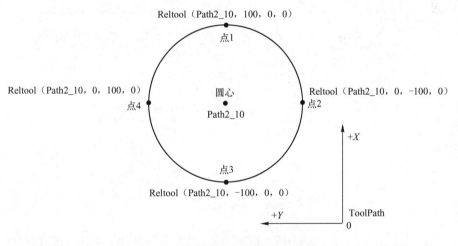

图 5-3　圆形槽点位

```
PROC Circle()
    MoveJ RelTool(Path2_10,100,0,-200),v2000,z20, ToolPath\WObj:=WobjPath;
!  关节运动到点 1 的正上方 200mm 处（工具坐标的 Z 轴正方向朝下）
    MoveL RelTool(Path2_10,100,0,0),v500,fine, ToolPath\WObj:=WobjPath;
!  直线运动到点 1
    MoveC RelTool(Path2_10,0,-100,0),RelTool(Path2_10,-100,0,0),
v200,z5, ToolPath\WObj:=WobjPath;
!  圆弧运动经过点 2 到达点 3
    MoveC RelTool(Path2_10,0,100,0),RelTool(Path2_10,100,0,0),
v200,fine, ToolPath\WObj:=WobjPath;
!  圆弧运动经过点 4 回到点 1
    MoveL RelTool(Path2_10,100,0,-200),v500,z20, ToolPath\WObj:=WobjPath;
!  直线运动回到点 1 正上方 200mm 处
ENDPROC
```

完成轨迹程序的编辑后，手动示教目标点（即圆心）位置即可。对于圆形轨迹程序，也可以采用偏移功能 Offs 来完成，但是需要注意的是：Offs 功能是相对于工件坐标系的偏移。

不管是什么形状的运动轨迹程序，为了安全，在起始和结束的时候都需要将机器人运动到距离起始点和结束点一段距离。

5.1.3 仿真运行及录制视频

1. 机器人仿真运行

在 RobotStudio 软件中，为了保证虚拟控制器中的数据与工作站的数据一致，需要将虚拟控制器与工作站的数据进行同步。当工作站中的数据被修改后，需要"同步到 RAPID"；反之，当虚拟控制器中的数据被修改，则需要"同步到工作站"。

仿真运行的步骤见表 5-1。

表 5-1　仿真运行的步骤

步骤	图例
在"仿真"功能选项卡中单击"仿真设定"按钮，进入"仿真设定"页面进行设置	
在"仿真"功能选项卡中单击"播放"下拉按钮，在下拉列表中单击"播放"选项，机器人会按照之前示教的轨迹运动	

2．录制视频

将机器人仿真运动录制成视频，可以在没有安装 RobotStudio 软件的计算机中查看工业机器人的运行。还可以将工作站制作为可执行文件，以便灵活地查看工作站。

1）录制视频。

录制视频的操作步骤见表 5-2。

表 5-2 录制视频的步骤

步骤	图例
在"文件"下拉菜单中单击 "选项"，在弹出的"选项"对话框中，单击"屏幕录像机"，对录像的参数进行设置	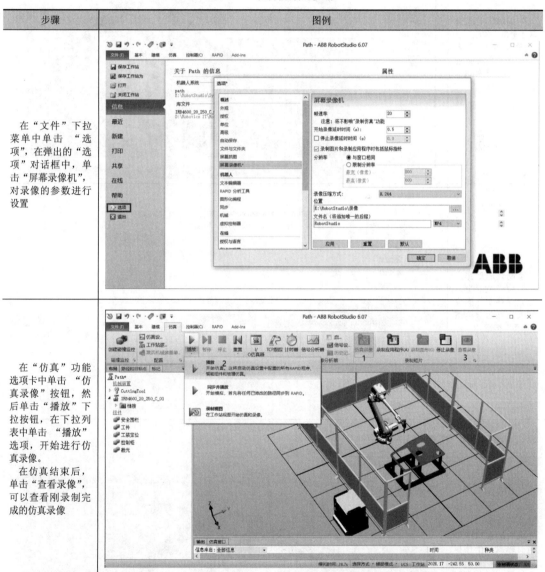
在"仿真"功能选项卡中单击 "仿真录像"按钮，然后单击"播放"下拉按钮，在下拉列表中单击 "播放"选项，开始进行仿真录像。 在仿真结束后，单击"查看录像"，可以查看刚录制完成的仿真录像	

注：在"屏幕录像机"设置的录像文件位置所在的文件夹内可以找到所录制的视频文件。

2）录制可执行文件。

录制的可执行文件可以在没有安装 RobotStudio 软件的计算机中打开，录制可执行文件的操作步骤见表 5-3。

表5-3　录制可执行文件的步骤

步骤	图例
在"仿真"功能选项卡单击"播放"下拉按钮，在下拉列表中单击"录制视图"选项，开始进行仿真并录像	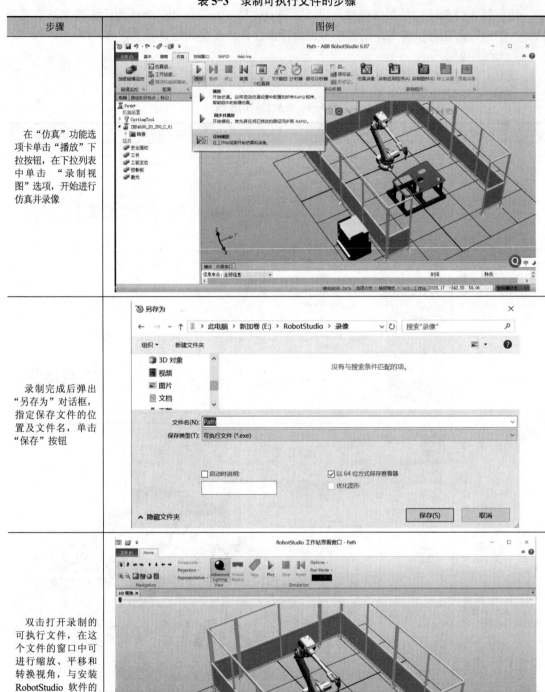
录制完成后弹出"另存为"对话框，指定保存文件的位置及文件名，单击"保存"按钮	
双击打开录制的可执行文件，在这个文件的窗口中可进行缩放、平移和转换视角，与安装RobotStudio软件的效果一样	

5.2　任务实施——带输送链的工业机器人工作站构建与运行

5.2.1　构建工业机器人工作站

本工作站（如图 5-1 所示）包含 IRB460 工业机器人 1 台，垫块 1 块，输送链 1 条，门 1 扇，IRC5Cabinet 控制柜 1 个，产品源 1 个，示教产品 1 个，栅栏 8 个，垛盘 1 个，吸盘工具 1 个。如果需要的物品在仿真软件中没有，简单的可以用 RobotStudio 自带的建模功能绘制，复杂的则需要自行利用 3D 软件绘制后保存为 RobotStudio 能识别的格式，然后利用"导入几何体"导入。

带输送链的工业机器人工作站构建步骤见表 5-4。

表 5-4　工业机器人工作站构建的步骤

步骤	图例
新建空工作站	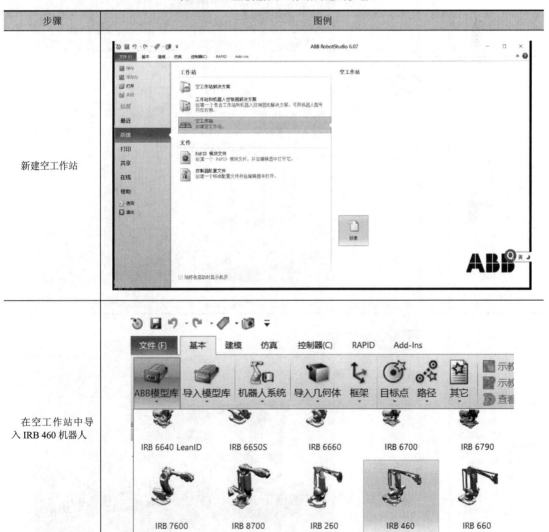
在空工作站中导入 IRB 460 机器人	

（续）

步骤	图例
利用建模功能创建一个 950mm×750mm×500mm 的长方体，作为机器人垫块，并将其命名为 RobotFoot。 将机器人抬高500mm，并放置在 RobotFoot 上	
导入吸盘工具 tGripper（提前用 3D 软件绘制，将其制作为机器人工具），并安装到机器人上	
单击"导入模型库"→"设备"，选择"输送链 Guide"导入输送链，更名为 Infeeder，并将其调整到适当的位置	

（续）

步骤	图例
导入绘制好的几何体垛盘 Pallet 和垛盘底座 PalletBase，将其放置到适当位置	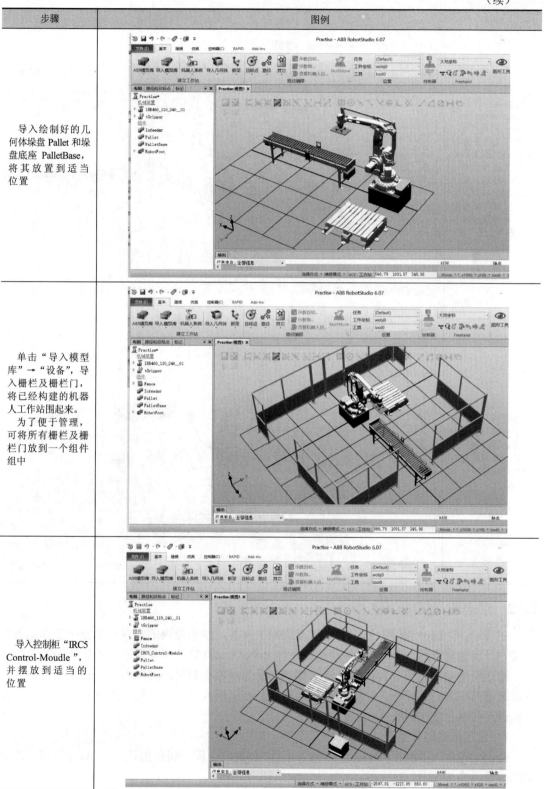
单击"导入模型库"→"设备"，导入栅栏及栅栏门，将已经构建的机器人工作站围起来。 为了便于管理，可将所有栅栏及栅栏门放到一个组件组中	
导入控制柜"IRC5 Control-Moudle"，并摆放到适当的位置	

（续）

步骤	图例
绘制两个大小为600mm×400mm×200mm 的长方体，一个作为产品源对象，一个作为示教对象（设为"不可见"），并将其放置到输送链上。 注：将产品源对象的本地原点所有坐标位置设为"0"	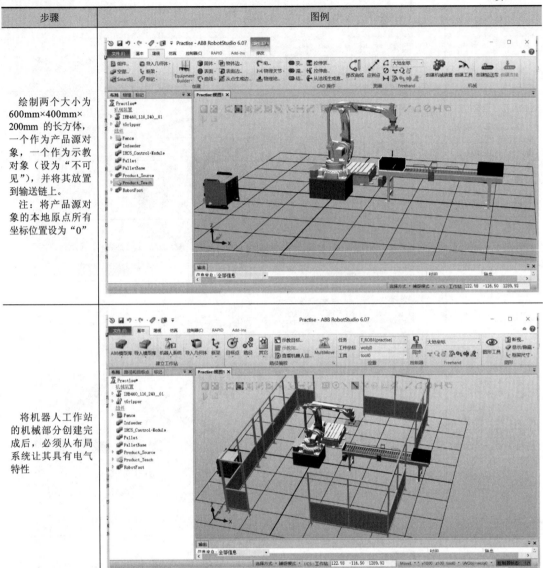
将机器人工作站的机械部分创建完成后，必须从布局系统让其具有电气特性	

5.2.2 动态输送链的创建

在 RobotStudio 软件中创建的搬运及码垛工作站，动态效果的实现对于整个工作站整体效果的呈现非常重要。Smart 组件功能就是在 RobotStudio 软件中实现动画效果的高效工具。

输送链的动态效果包含：输送链末端的产品源对象不断复制并随着输送链向前运动，到达输送链前端时自动停止，当输送链前端的产品被机器人移走后，输送链末端再次生成产品并输送到前端，依次循环。

1. 设定输送链产品源（Source）

Smart 组件的子组件"Source"专门用于"创建一个图形组件的拷贝"。设定输送链产品源的步骤见表 5-5。

表 5-5 设定输送链产品源的步骤

步骤	图例
在"建模"功能选项卡中单击"Smart 组件",新建一个 Smart 组件,将其更名为"SC_Infeeder"	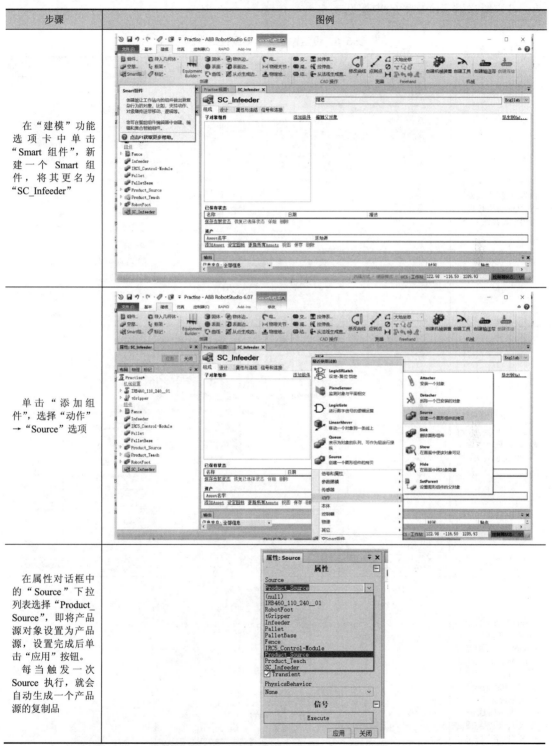
单击"添加组件",选择"动作" → "Source"选项	
在属性对话框中的"Source"下拉列表选择"Product_Source",即将产品源对象设置为产品源,设置完成后单击"应用"按钮。 每当触发一次 Source 执行,就会自动生成一个产品源的复制品	

2. 设定输送链的运动属性

Smart 组件的子组件"Queue"可以将同类型物体做队列处理,即将产品源的复制品作为 Queue 随着输送链运动；子组件"LineMover"表示线性运动，可以用于产生输送链的运动。设定输送链运动属性的步骤见表 5-6。

表 5-6　设定输送链运动属性的步骤

步骤	图例
单击"添加组件"，选择"其他"→"Queue"选项，不用设置属性	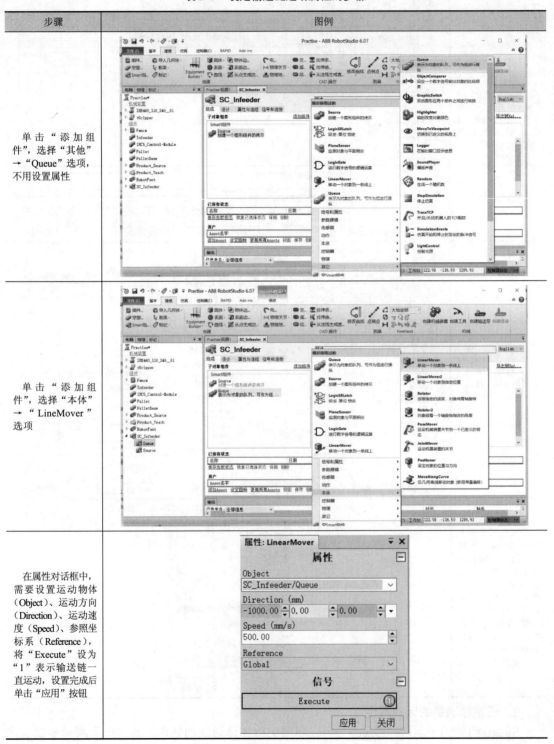
单击"添加组件"，选择"本体"→"LineMover"选项	
在属性对话框中，需要设置运动物体（Object）、运动方向（Direction）、运动速度（Speed）、参照坐标系（Reference），将"Execute"设为"1"表示输送链一直运动，设置完成后单击"应用"按钮	

3.设定输送链的限位传感器

当产品随着输送链运动到输送链前端的挡板处时自动停止，要求在输送链前端挡板上安装面传感器。设定面传感器的步骤见表 5-7。

表 5-7 设定面传感器的步骤

步骤	图例
单击"添加组件"，选择"其传感器"→"PlaneSensor"选项	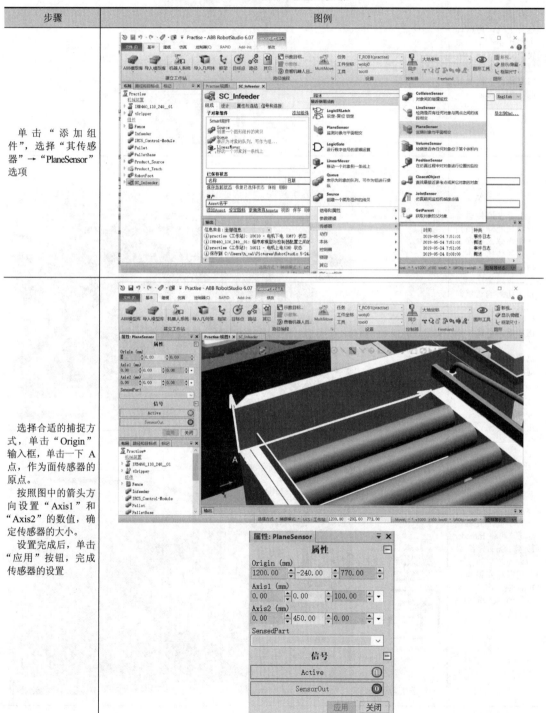
选择合适的捕捉方式，单击"Origin"输入框，单击一下 A 点，作为面传感器的原点。 按照图中的箭头方向设置"Axis1"和"Axis2"的数值，确定传感器的大小。 设置完成后，单击"应用"按钮，完成传感器的设置	

（续）

步骤	图例
检测传感器设置是否正确，可以单击"Active"，如果"SensorOut"值置1，则表示传感器有输出，检测到部件"InFeeder"	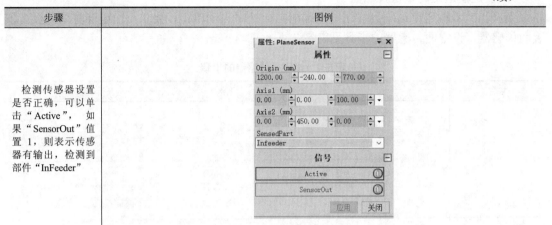
由于虚拟传感器一次只能够检测到一个物体，要保证创建的传感器不能与周边的设备接触，否则无法检测到运动到输送链前端的产品。 在 Infeeder 上单击右键，单击"修改"→"可由传感器检测"选项，将前面的√去掉	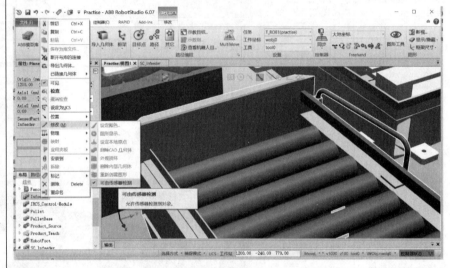
为了便于处理输送链，可将 Infeeder 放到 Smart 组件中。 用鼠标左键点住 Infeeder 不松开，将其拖到 SC_Infeeder 上再松开	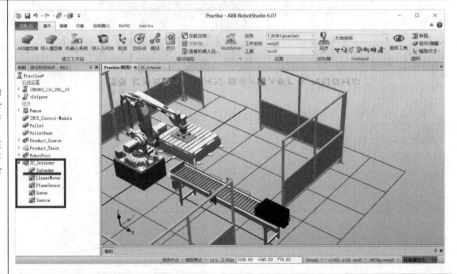

（续）

步骤	图例
虚拟传感器只有在信号发生 0→1 变化时才能够触发时间，如果需要传感器的信号从 0→1 和从 1→0 分别触发两个不同的事件，则需要设置一个非门。 单击"添加组件"，选择"信号和属性"→"LogicGate"选项。 在属性对话框中，将"Operator"栏设为"NOT"，完成后单击"应用"按钮	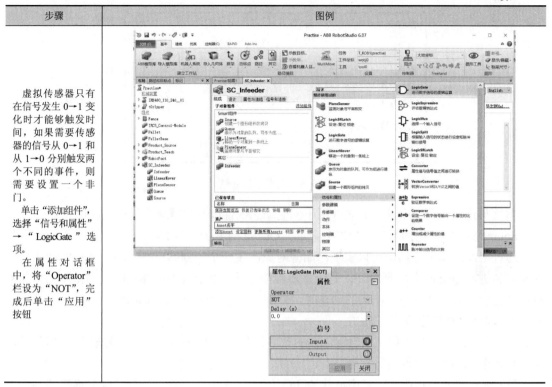

4. 创建属性与连结

属性连结是指各 Smart 子组件之间的某项属性之间的连结，通过属性连结，能够使两个具有关联的组件实现联动。

单击"属性与连结"选项卡，单击"属性连结"中的"添加连结"，如图 5-4 所示。在弹出的"添加连结"对话框中按照图 5-5 所示进行设置，设置好后单击"确定"按钮完成属性连结的添加。

图 5-4　创建属性与连结

图 5-5　设置添加连结

属性与连结选项卡中的动态属性用于创建动态属性以及编辑现有的动态属性。

Source 的 Copy 指的是源对象的复制品，Queue 的 Back 指的是下一个将要加入队列的物体。通过上面的属性连结，可以实现产品源对象产生一个复制品，执行加入队列的动作后，该复制品进入 Queue 中，而 Queue 是一直随着输送链不断运动的，那么产生的复制品也随着输送链运动，而当执行退出队列的动作时，复制品将退出队列，停止运动。

5．创建信号与连接

I/O 信号指的是在工作站中自行创建的数字信号以及各 Smart 子组件的输入/输出信号，用于与各个 Smart 子组件进行信号交互。

I/O 连接指的是指在工作站中创建的 I/O 信号与 Smart 子组件信号之间的连接关系，以及各 Smart 子组件之间的信号连接关系。

创建信号与连接的步骤见表 5-8。

表 5-8　创建信号与连接的步骤

步骤	图例
单击"信号和连接"选项卡	

（续）

步骤	图例
单击"I/O 信号"下的"添加 I/O Signals"，创建一个用于启动 Smart 输送链的数字输入信号 diStart	添加I/O Signals ? × 信号类型：DigitalInput ☑自动复位 信号数量：1 信号名称：diStart 开始索引：0 步骤：1 信号值：0 最小值：0.00 最大值：0.00 描述： □隐藏 □只读 确定 取消
创建一个用于反馈产品到位的数字输出信号 doProductInPos	添加I/O Signals ? × 信号类型：DigitalOutput □自动复位 信号数量：1 信号名称：doProductInPos 开始索引：0 步骤：1 信号值：0 最小值：0.00 最大值：0.00 描述： □隐藏 □只读 确定 取消
单击"I/O 连接"下的"添加 I/O Connection"，创建一个用输送链启动信号 diStart 触发 Source 组件执行产品复制动作的连接	添加I/O Connection ? × 源对象：SC_Infeeder 源信号：diStart 目标对象：Source 目标信号或属性：Execute □允许循环连接 确定 取消
产品源 Source 产生复制品触发 Queue 的加入队列动作，实现复制品自动加入队列	添加I/O Connection ? × 源对象：Source 源信号：Executed 目标对象：Queue 目标信号或属性：Enqueue □允许循环连接 确定 取消
当复制品随输送链运动到输送链前端被面传感器检测到，传感器的输出信号触发 Queue 的退出队列动作，实现复制品停止在输送链前端	添加I/O Connection ? × 源对象：PlaneSensor 源信号：SensorOut 目标对象：Queue 目标信号或属性：Dequeue □允许循环连接 确定 取消

（续）

步骤	图例
当复制品到达输送链前端与传感器接触，触发产品到位信号 doProductInPos，使其置 1	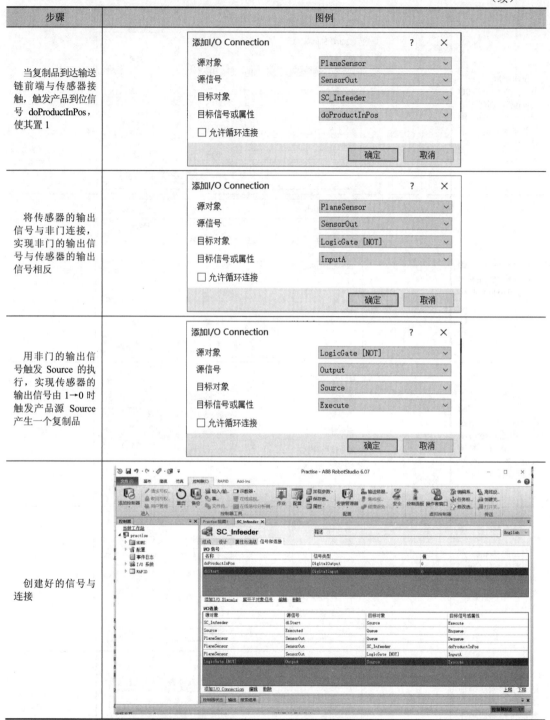
将传感器的输出信号与非门连接，实现非门的输出信号与传感器的输出信号相反	
用非门的输出信号触发 Source 的执行，实现传感器的输出信号由 1→0 时触发产品源 Source 产生一个复制品	
创建好的信号与连接	

6. 仿真验证

动态输送链的设置完成后，需要进行仿真运行验证其动画效果。仿真运行的过程见表 5-9。

表 5-9　仿真运行的过程

步骤	图例
在"仿真"功能选项卡中单击"I/O仿真器",在弹出的对话框中选择系统为"SC_Infeeder"	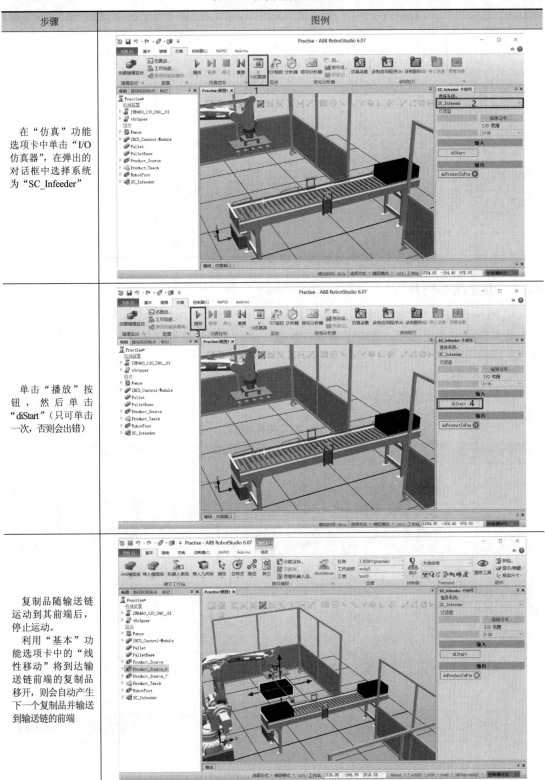
单击"播放"按钮,然后单击"diStart"(只可单击一次,否则会出错)	
复制品随输送链运动到其前端后,停止运动。利用"基本"功能选项卡中的"线性移动"将到达输送链前端的复制品移开,则会自动产生下一个复制品并输送到输送链的前端	

（续）

步骤	图例
为了避免在后续的仿真过程中不停地产生大量复制品，导致仿真运行不流畅，以及需要手动删除复制品等问题，在设置 Source 属性时可设置为临时性复制品，仿真停止后复制品会自动消失	

5.2.3　创建动态夹具

在 RobotStudio 中创建的搬运及码垛工作站，夹具的动态效果是非常重要的部分。

夹具的动态效果包括：在输送链前端拾取产品，在放置位置释放产品，自动置位和复位真空反馈信号。

1．设定夹具属性

设定夹具属性的步骤见表 5-10。

表 5-10　设定夹具属性的步骤

步骤	图例
在"建模"功能选项卡中单击"Smart 组件"，新建一个 Smart 组件，将其更名为"SC_Gripper"	

（续）

步骤	图例
在"布局"窗口的工具"tGripper"上单击右键，在弹出的右键菜单中单击"拆除"选项。将其从机器人上拆卸下来，以便对其进行独立处理。 在弹出的"更新位置"提示框中单击"否"按钮	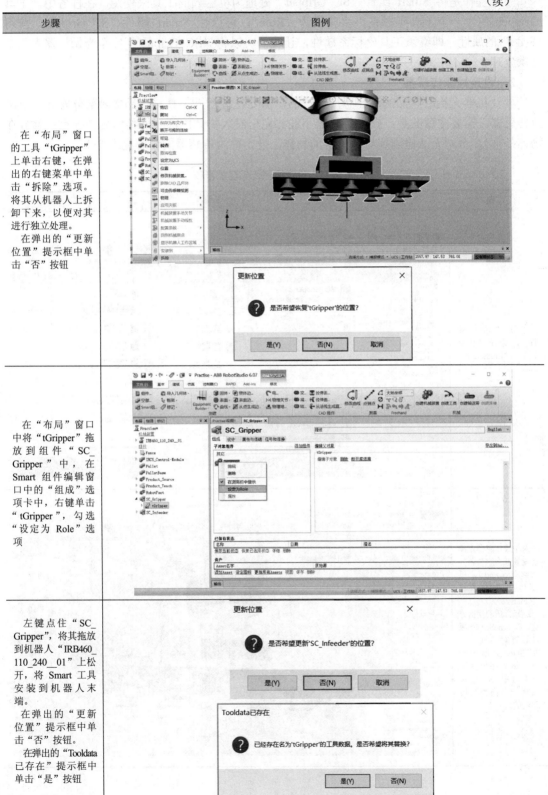
在"布局"窗口中将"tGripper"拖放到组件"SC_Gripper"中，在Smart组件编辑窗口中的"组成"选项卡中，右键单击"tGripper"，勾选"设定为Role"选项	
左键点住"SC_Gripper"，将其拖放到机器人"IRB460_110_240_01"上松开，将Smart工具安装到机器人末端。 在弹出的"更新位置"提示框中单击"否"按钮。 在弹出的"Tooldata已存在"提示框中单击"是"按钮	

上述操作是将 Smart 组件"SC_Gripper"处理为机器人的工具来使用。在任务中,工具 tGripper 包含一个工具坐标系,将其设为"Role",可以让 Smart 组件"SC_Gripper"获得 "Role"的属性,即继承工具坐标系属性,让我们可以将"SC_Gripper"完全当做机器人的工具来处理。

2. 设定检测传感器

要让机器人拾取产品的时候感应到产品,需要在机器人工具与产品接触部分安装一个虚拟传感器。需要注意的是:虚拟传感器不能够完全没入物体内部(即传感器必须有一部分在物体外部),否则无法检测到与之接触的物体。设定检测传感器的步骤见表 5-11。

表 5-11　设定检测传感器的步骤

步骤	图例
单击"添加组件",选择"传感器"→"LineSensor"选项	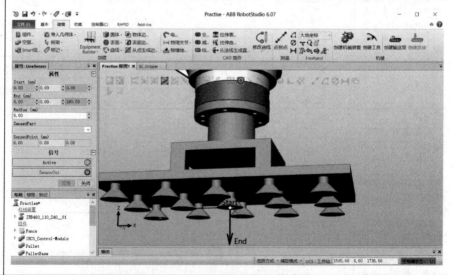
对于线传感器,需要设置起点(Start)和终点(End),以及传感器的半径(Radius)。 选择合适的捕捉方式,在 LineSensor 属性设置对话框中,在 Start 处单击一下,然后在吸盘下部靠近中心的位置选择一点作为线传感器的起点	

（续）

步骤	图例
在当前坐标系下，设定传感器的长度为100mm。 相对于起点，只需要将 Z 轴的数据减少 100 即可。为了避免在机器人抓取产品时传感器完全没入产品内部，可手动将起点的 Z 值加大。 单击"应用"按钮，完成线传感器的设置	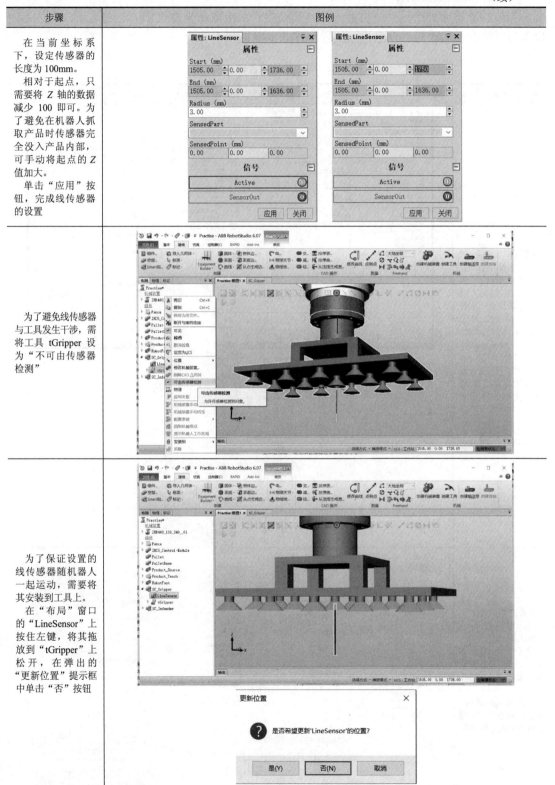
为了避免线传感器与工具发生干涉，需将工具 tGripper 设为"不可由传感器检测"	
为了保证设置的线传感器随机器人一起运动，需要将其安装到工具上。 在"布局"窗口的"LineSensor"上按住左键，将其拖放到"tGripper"上松开，在弹出的"更新位置"提示框中单击"否"按钮	

3. 设定拾取放置动作

当传感器感应到产品后，机器人工具需要将产品拾取起来随机器人一起运动，到达指定位置后再将产品释放开。设定拾取放置动作的步骤见表5-12。

表 5-12　设定拾取放置动作的步骤

步骤	图例
单击"添加组件"，选择"动作"→"Attcher"选项。 在属性对话框中将安装父对象（Parent）设置为"SC_Gripper/ tGripper"，安装子对象（Child）由于对象不固定（源对象的复制品），暂不设置	
单击"添加组件"，选择"动作"→"Detcher"选项。 由于拆除的子对象不固定（为源对象的复制品），暂不设定。 勾选"KeepPosition"表示释放后，子对象保持当前的空间位置	

（续）

步骤	图例
	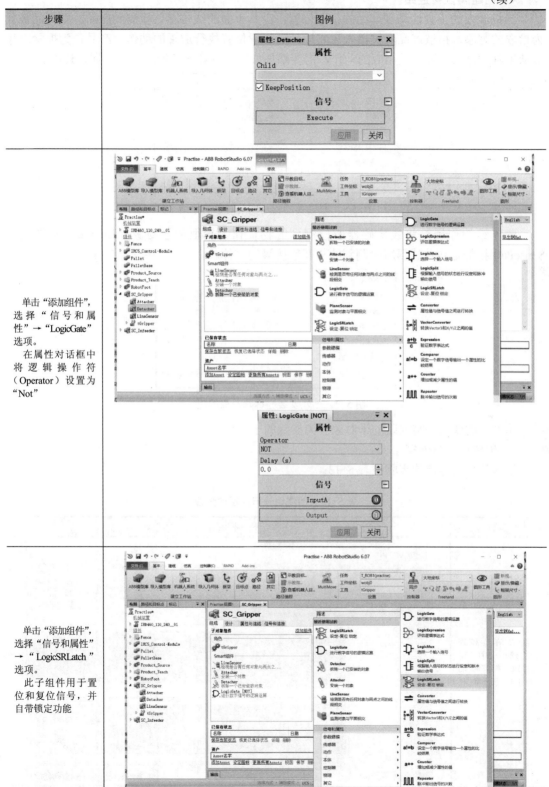
单击"添加组件"，选择"信号和属性"→"LogicGate"选项。 在属性对话框中将逻辑操作符（Operator）设置为"Not"	
单击"添加组件"，选择"信号和属性"→"LogicSRLatch"选项。 此子组件用于置位和复位信号，并自带锁定功能	

4．创建属性与连结

当机器人的工具运动到产品的拾取位置，工具上面的线传感器检测到产品，则产品被作为拾取的对象，拾取产品后机器人工具运动到放置位置执行放置的动作，产品作为拆除对象被从工具上释放。要完成相应的动作，需要添加如图 5-6 和 5-7 所示的两个属性连结。

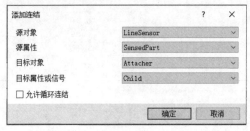

图 5-6　创建传感器与安装对象的连结

此连结的作用是将线传感器所检测到的物体作为拾取的子对象。LineSensor 的属性 SensePart 指的是线传感器所检测到的与其想接触的物体。

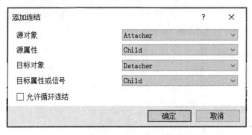

图 5-7　创建安装与拆除对象的连结

此连结的作用是将安装的子对象作为拆除的子对象。

5．创建信号与连接

创建信号与连接的步骤见表 5-13。

表 5-13　创建信号与连接的步骤

步骤	图例
在"信号和连接"选项卡中，单击"I/O 信号"下的"添加 I/O Signals"	

（续）

步骤	图例
创建一个用于控制夹具拾取和释放动作的数字输入信号 diGrip	**添加I/O Signals**　　　　? × 信号类型　　　　　　　　　　信号数量 DigitalInput ▽　☐自动复位　1 ▴▾ 信号名称　　　开始索引　　步骤 diGrip　　　　0 ▴▾　　　1 ▴▾ 信号值　　　　最小值　　　最大值 0　　　　　　0.00 ▴▾　0.00 ▴▾ 描述 　　　　　　　☐隐藏　　☐只读 　　　　　　　　　　确定　　取消
创建一个用于真空反馈的数字输出信号 doVacuumOk	**添加I/O Signals**　　　　? × 信号类型　　　　　　　　　　信号数量 DigitalOutput ▽　☐自动复位　1 ▴▾ 信号名称　　　开始索引　　步骤 doVacuumOk　0 ▴▾　　　1 ▴▾ 信号值　　　　最小值　　　最大值 0　　　　　　0.00 ▴▾　0.00 ▴▾ 描述 　　　　　　　☐隐藏　　☐只读 　　　　　　　　　　确定　　取消
单击"I/O 连接"下的"添加 I/O Connection"，利用 diGrip 触发线传感器，执行检测	**添加I/O Connection**　　　? × 源对象　　　　　　SC_Gripper ▽ 源信号　　　　　　diGrip ▽ 目标对象　　　　　LineSensor ▽ 目标信号或属性　　Active ▽ ☐允许循环连接 　　　　　　　　　　确定　　取消
传感器检测到产品后触发拾取动作的执行	**添加I/O Connection**　　　? × 源对象　　　　　　LineSensor ▽ 源信号　　　　　　SensorOut ▽ 目标对象　　　　　Attacher ▽ 目标信号或属性　　Execute ▽ ☐允许循环连接 　　　　　　　　　　确定　　取消

（续）

步骤	图例
利用非门之间的连接，实现当关闭真空后触发释放动作	**添加I/O Connection** ? × 源对象 SC_Gripper 源信号 diGrip 目标对象 LogicGate [NOT] 目标信号或属性 InputA □ 允许循环连接 【确定】【取消】 **添加I/O Connection** ? × 源对象 LogicGate [NOT] 源信号 Output 目标对象 Detacher 目标信号或属性 Execute □ 允许循环连接 【确定】【取消】
拾取动作完成后，触发置位动作的执行	**添加I/O Connection** ? × 源对象 Attacher 源信号 Executed 目标对象 LogicSRLatch 目标信号或属性 Set □ 允许循环连接 【确定】【取消】
释放动作完成后，触发复位动作的执行	**添加I/O Connection** ? × 源对象 Detacher 源信号 Executed 目标对象 LogicSRLatch 目标信号或属性 Reset □ 允许循环连接 【确定】【取消】
LogicSRLatch 信号的置位和触发真空反馈信号 doVacuumOk 的置位和复位，实现当拾取完成后 doVacuumOk 置 1，释放完成后 doVacuumOk 置 0	**添加I/O Connection** ? × 源对象 LogicSRLatch 源信号 Output 目标对象 SC_Gripper 目标信号或属性 doVacuumOk □ 允许循环连接 【确定】【取消】

（续）

步骤	图例
创建好的信号与连接。 整个的动作是：当机器人夹具运动到拾取位置后打开真空启动夹具，线传感器开始工作，如果检测到产品则执行拾取动作，然后机器人夹具运动到放置位置，关闭真空后执行释放产品的动作，产品释放后机器人夹具再次回到拾取位置执行下一个循环	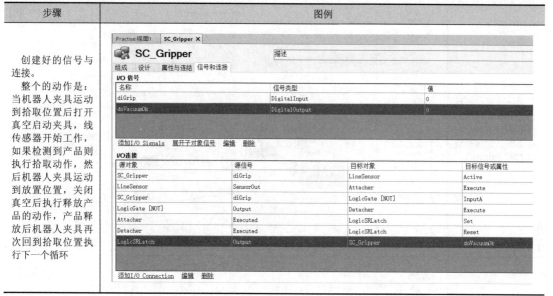

6．仿真验证

通过预先设置在输送链前端的专门用于示教的"Product_Teach"，验证所设定的线传感器能否检测到产品、夹具的拾取和释放动作能否正确完成。在进行夹具的动态模拟运行前需要将 Product_Teach 设为"可见"和"可由传感器检测"。仿真验证的过程见表 5-14。

表 5-14　仿真验证的过程

步骤	图例
在"基本"功能选项卡中选择"手动线性"，单击末端法兰盘，在坐标框架出现后用鼠标拖动夹具到产品拾取位置	

（续）

步骤	图例
在"仿真"功能选项卡中单击"I/O仿真器"，在弹出的对话框中选择系统为"SC_Gripper"	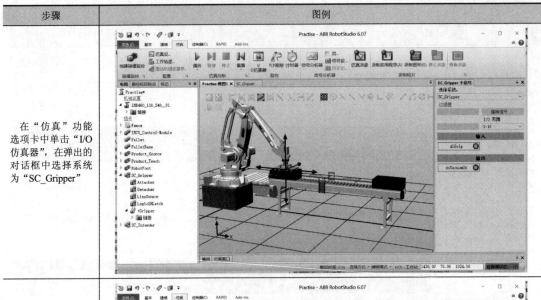
单击"diGrip"将其置1，此时"doVacuumOk"自动置1。拖动机器人法兰上的坐标系框架，检测夹具的夹取动作	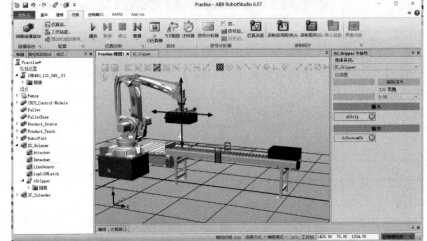
单击"diGrip"将其置0，再次拖动机器人法兰上的坐标系框架，检测夹具的释放动作。此时"doVacuumOk"自动置0	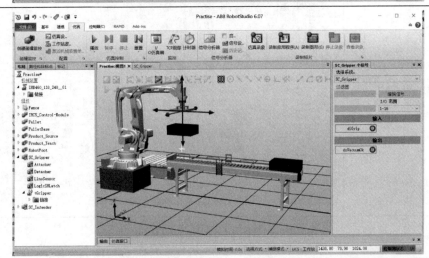

（续）

步骤	图例
仿真验证结束后，取消勾选"Product_Teach"的"可见"和"可由传感器检测"	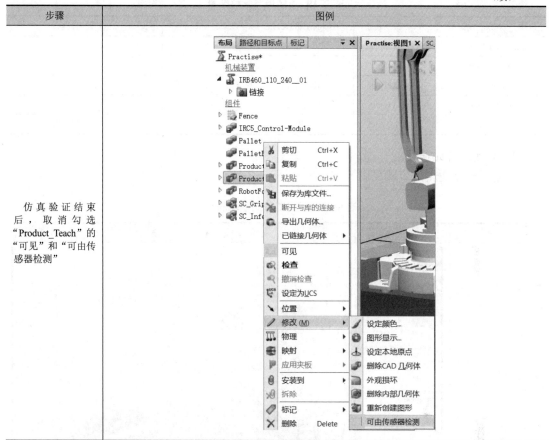

5.2.4　工作站逻辑的设定

在本工作站中包括的机器人、Smart 组件以及机器人与 Smart 组件之间都需要进行逻辑设定。Smart 组件的逻辑设定前面已经完成，这部分需要设定机器人与 Smart 组件之间的通信。在设定的过程中，可以将两个 Smart 组件（即输送链和夹具）看成两个外围设备。那么这个工作站的逻辑可以设为：将 Smart 组件的输出信号作为机器人的输入信号，将机器人的弧信号作为 Smart 组件的输入信号。

1．配置 I/O 单元

在工作站中，使用标准 I/O 板 DSQC652，在虚拟示教器中，根据表 5-15 的参数配置 I/O 单元。

表 5-15　I/O 单元设置

Name	Type of　Unit	Network	Address
BOARD10	d652	DeviceNet	10

2．配置 I/O 信号

在虚拟示教器中，根据表 5-16 的参数配置 I/O 信号。

表 5-16 I/O 信号参数配置

Name	Type of Signal	Assigned to Device	Device Mapping	I/O 信号注解
diProductInpos	Digital Input	BOARD10	0	产品到位信号
diPalletInPos	Digital Input	BOARD10	1	托盘到位信号
diPalletChanged	Digital Input	BOARD10	2	托盘更换信号
diVacuumOK	Digital Input	BOARD10	3	真空反馈信号
doGrip	Digital Output	BOARD10	0	真空吸盘控制信号

3. 设定工作站逻辑

设定工作站逻辑的步骤见表 5-17。

表 5-17 设定工作站逻辑的步骤

步骤	图例
在"仿真"功能选项卡中单击"工作站逻辑"按钮	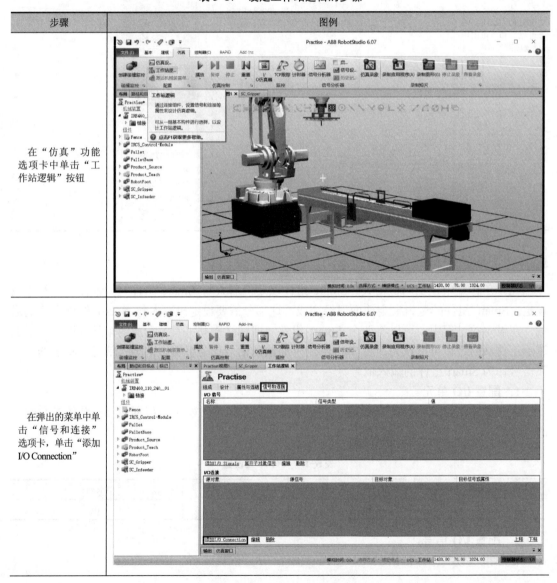
在弹出的菜单中单击"信号和连接"选项卡,单击"添加 I/O Connection"	

（续）

步骤	图例
设定机器人端的真空吸盘控制信号与 Smart 夹具的动作信号相连。 注：位于列表首位的"Practise"是工作站，而位于末尾的"practise"是机器人系统	**添加I/O Connection**　　　?　× 源对象　　　practise 源信号　　　doGrip 目标对象　　SC_Gripper 目标信号或属性　diGrip □允许循环连接 　　　　确定　　取消 **添加I/O Connection**　　　?　× 源对象　　　practise 　　　　Practise ——工作站 　　　　SC_Infeeder 源信号　　　SC_Gripper 目标对象　　practise ——机器人系统 目标信号或属性　diGrip □允许循环连接 　　　　确定　　取消
设定 Smart 输送链的产品到位信号与机器人端的产品到位信号相连	**添加I/O Connection**　　　?　× 源对象　　　SC_Infeeder 源信号　　　doProductInPos 目标对象　　practise 目标信号或属性　diProductInPos □允许循环连接 　　　　确定　　取消
设定 Smart 夹具的真空反馈信号与机器人端的真空反馈信号相连	**添加I/O Connection**　　　?　× 源对象　　　SC_Gripper 源信号　　　doVacuumOk 目标对象　　practise 目标信号或属性　diVacuumOk □允许循环连接 　　　　确定　　取消
工作站的信号连结设定完成	

5.2.5 创建工具数据和载荷数据

本工作站中，程序编写过程使用默认的工件数据，需要对工具数据及载荷数据进行设定。

1．创建工具数据

对于工具数据，采用 TCP 和 Z 法进行设置。工具数据的初始值设置见表 5-18。

表 5-18　工具数据的初始值

参数名称	参数值
robothold	TRUE
trans	
X	0
Y	0
Z	200
rot	
q1	1
q2	0
q3	0
q4	0
mass	24
cog	
X	0
Y	0
Z	122
其余参数均为默认值	

2．创建载荷数据

工具数据的初始值设置见表 5-19。

表 5-19　载荷数据设置

参数名称	参数值
mass	45
cog	
X	0
Y	0
Z	125
其余参数均为默认值	

5.2.6 程序编制及调试

1．工件摆放位置及顺序

工作站按照指定的位置执行搬运操作，分为两层，每层 5 个，共计 10 个工件，两层的摆放顺序和位置如图 5-8 所示。

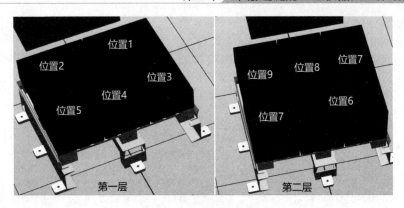

图 5-8 工件摆放顺序及位置

2. 参考程序

```
MODULE MainMoudle
PERS tooldata tGrip:=[TRUE,[[0,0,200],[1,0,0,0]],[25,[0,0,122],[1,0,0,0],0,0,0]];
! 定义工具数据 tGrip
PERS loaddata LoadEmpty:=[0.01,[0,0,1],[1,0,0,0],0,0,0];
PERS loaddata LoadFull:=[40,[0,0,100],[1,0,0,0],0,0,0];
! 定义载荷数据 LoadEmpty 和 LoadFull，一个是空载数据，一个为满载数据
PERS robtarget pHome:=[[1505.00,0.00,1133.26],[1.81E-06,0,-1,0],[0,0,0,0],[9E+09,9E+09,
9E+09,9E+09,9E+09,9E+09]];
PERS robtarget pPick1:=[[1500.00,0.00,478.00],[1.81E-06,0,-1,0],[0,0,0,0],[9E+09,9E+09,
9E+09,9E+09,9E+09,9E+09]];
PERS robtarget pBase1_0:=[[-287.93,1258.81,49.98],[4.03574E-07,-5.96046E-08,1,-1.76443E
-06],[1,0,1,0],[9E+09,9E+09,9E+09,9E+09,9E+09,9E+09]];
PERS robtarget pBase1_90:=[[-387.92,1358.81,49.98],[8.78423E-07,0.706696,-0.707518,1.58255
E-06],[1,0,0,0],[9E+09,9E+09,9E+09,9E+09,9E+09,9E+09]];
! 定义需要示教的目标点数据，安全点 pHome、抓取点 pPick1，放置基准点 pBase1_0 和 pBase1_90
PERS robtarget pActualPos:=[[1500,0,1133.26],[1.81E-06,0,-1,0],[0,0,0,0],[9E+09,9E+09,9E+09,
9E+09,9E+09,9E+09]];
! 定义机器人目标点实际位置
PERS robtarget pPlace1:=[[432.08,1358.81,249.98],[8.78423E-07,0.706696,-0.707518,1.58255E
-06],[1,0,0,0],[9E+09,9E+09,9E+09,9E+09,9E+09,9E+09]];
! 定义放置点
PERS robtarget pPickH1:=[[1500,0,878],[1.81E-06,0,-1,0],[0,0,0,0],[9E+09,9E+09,9E+09,9E+09,
9E+09,9E+09]];
PERS robtarget pPlaceH1:=[[432.08,1358.81,878],[8.78423E-07,0.706696,-0.707518,1.58255
E-06],[1,0,0,0],[9E+09,9E+09,9E+09,9E+09,9E+09,9E+09]];
! 定义拾取及放置点上方某一安全距离的位置点
PERS speeddata MinSpeed:=[1000,300,5000,1000];
PERS speeddata MidSpeed:=[2500,400,5000,1000];
PERS speeddata MaxSpeed:=[4000,500,5000,1000];
! 定义速度数据
PERS bool bPalletFull:=TRUE;
! 定义布尔量数据 bPalletFull，用于判断垛盘是否满载
```

```
PERS num nCount:=1;
! 定义数字型数据 nCount，用于码垛计数
VAR intnum iPallet;
! 定义中断数据 iPallet

PROC Main()
! 主程序
 rInitAll;
! 调用初始化程序
WHILE TRUE DO
!利用 WHILE 循环将初始化程序隔开，即只在第一次运行时执行一次初始化程序，之后开始执行
抓取和放置操作
      IF   bPalletFull = FALSE   THEN
! 当 "bPalletFull = FALSE" 满足时向下继续执行程序
         rPosition;
! 调用位置计算程序
         rPick;
! 调用拾取程序
         rPlace;
! 调用放置程序
      ENDIF
        WaitTime 0.1;
! 循环等待时间，防止在不满足机器人动作条件的情况下执行程序进入无限循环状态
ENDWHILE
ENDPROC


PROC rInitAll()
! 初始化程序
pActualPos:=CRobT(\tool:=tGrip);
! 读取机器人当前位置，并赋值给 pActualPos
pActualPos.trans.z:=pHome.trans.z;
! 将 pHome 的 Z 坐标赋值给 pActualPos 的 Z 坐标
MoveL pActualPos,MaxSpeed,fine,tGrip\WObj:=wobj0;
! 直线运动到 pActualPos 点
MoveJ pHome,MaxSpeed,fine,tGrip\WObj:=wobj0;
! 关节运动到 pHome 点
bPalletFull:=FALSE;
! 将 FALSE 赋值给 bPalletFull，表示垛盘未满
nCount:=1;
! 初始化计数数据
Reset doGrip;
! 复位 doGrip 信号
IDelete iPallet;
!取消当前中断符 iPallet 的连接，预防误触发
CONNECT iPallet WITH tPallet;
! 将中断符与中断程序 tPallet 连接
```

```
ISignalDI diPalletChanged,1,iPallet;
! 定义触发条件，即当数字输入信号 diPalletChanged 为 1 时，触发该中断程序
ISleep iPallet;
! 关闭中断
ENDPROC

PROC rPick()
! 拾取程序
MoveJ pPickH1,MaxSpeed,z50,tGrip\WObj:=wobj0;
! 关节运动到 pPickH1
WaitDI diProductInpos,1;
! 等待 diProductInpos 信号为 1，才继续执行后面程序
 MoveL pPick1,MaxSpeed,fine,tGrip\WObj:=wobj0;
! 直线运动到拾取点
 Set doGrip;
! 置位 doGrip 信号
 WaitTime 0.3;
! 预留夹具动作时间，防止产品未在夹具上夹紧而掉落
 GripLoad LoadFull;
! 加载载荷数据
 MoveL pPickH1,MaxSpeed,z50,tGrip\WObj:=wobj0;
! 直线运动到 pPickH1
ENDPROC

PROC rPlace()
! 放置程序
MoveJ pPlaceH1,MaxSpeed,z50,tGrip\WObj:=wobj0;
! 关节运动到 pPlaceH1 点
MoveL pPlace1,MaxSpeed,fine,tGrip\WObj:=wobj0;
! 直线运动到放置点 pPlace1
Reset doGrip;
! 复位 doGrip 信号
WaitTime 0.3;
! 预留夹具动作时间，保证夹具完全将产品松开
GripLoad LoadEmpty;
! 加载载荷数据 LoadEmpty
MoveL pPlaceH1,MaxSpeed,z50,tGrip\WObj:=wobj0;
MoveJ pPickH1,MaxSpeed,z50,tGrip\WObj:=wobj0;
nCount:=nCount+1;
! 计数加 1
IF nCount>10 THEN
! IF 条件判断，如果 nCount>10 满足，则继续执行下面程序
bPalletFull:=TRUE;
! 托盘满载
IWatch iPallet;
! 激活中断
```

```
ENDIF
ENDPROC

PROC rPosition()
! 位置计算程序
TEST nCount
! 利用 TEST 检测当前计数 nCount 的数值，以 pBase1_0 和 pBase1_90 为基准点，利用 Offs 指令
在坐标 X、Y、Z 方向进行偏移
    CASE 1:
        pPlace1:=Offs(pBase1_0,0,0,0);
    CASE 2:
        pPlace1:=Offs(pBase1_0,600+10,0,0);
    CASE 3:
        pPlace1:=Offs(pBase1_90,0,400+10,0);
    CASE 4:
        pPlace1:=Offs(pBase1_90,400+10,400+10,0);
    CASE 5:
        pPlace1:=Offs(pBase1_90,800+20,400+10,0);
    CASE 6:
        pPlace1:=Offs(pBase1_0,0,600+10,200);
    CASE 7:
        pPlace1:=Offs(pBase1_0,600+10,600+10,200);
    CASE 8:
        pPlace1:=Offs(pBase1_90,0,0,200);
    CASE 9:
        pPlace1:=Offs(pBase1_90,400+10,0,200);
    CASE 10:
        pPlace1:=Offs(pBase1_90,800+20,0,200);
    DEFAULT:
        TPErase;
        TPWrite "the Counter of line 1 is error,please check it!";
        Stop;
    !若 nCount 数值不为 Case 中所列的数值，则视为计数出错，写屏提示错误信息，并利用 Stop 指
令停止程序循环
ENDTEST
    pPickH1:=Offs(pPick1,0,0,400);
! 将 pPick1 点的 z 坐标向上偏移 400mm 后赋值给 pPickH1
    pPlaceH1:=Offs(pPlace1,0,0,400);
! 将 pPlace1 点的 z 坐标向上偏移 400mm 后赋值给 pPlaceH1

IF pPickH1.trans.z<=pPlaceH1.trans.z THEN
! 如果 pPickH1 点的 Z 坐标值小于等于 pPlaceH1 点的 Z 坐标值，执行下面程序，是为了放置码
垛层数太多的时候两点的高度不同而导致机器人发生碰撞
    pPickH1.trans.z:=pPlaceH1.trans.z;
! 将 pPlaceH1 点的 Z 坐标赋值给 pPickH1 点的 Z 坐标
ELSE
```

```
        pPlaceH1.trans.z:=pPickH1.trans.z;
    ！否则就把 pPickH1 点的 Z 坐标赋值给 pPlaceH1 点的 Z 坐标
     ENDIF
    ENDPROC

    TRAP tPallet
    ！中断程序
    bPalletFull:=FALSE;
    nCount:=1;
    ISleep iPallet;
    TPErase;
    TPWrite "The Pallet in line 1 has been changed!";
    ENDTRAP

    PROC rModify()
    ！示教目标点程序
     MoveL pHome,MaxSpeed,fine,tGrip\WObj:=wobj0;
     MoveL pPick1,MaxSpeed,fine,tGrip\WObj:=wobj0;
     MoveL pBase1_0,MaxSpeed,fine,tGrip\WObj:=wobj0;
     MoveL pBase1_90,MaxSpeed,fine,tGrip\WObj:=wobj0;
    ENDPROC

    ENDMODULE
```

3. 示教目标点位置

在任务的工作站中，需要示教的目标点有 4 个，分别是安全点 pHome、抓取点 pPick1，放置基准点 pBase1_0 和 pBase1_90，位置如图 5-9 所示。

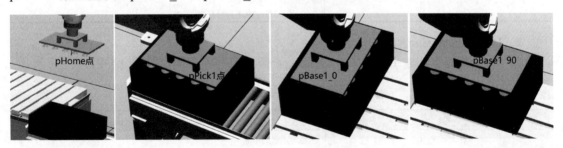

图 5-9 示教的目标点位置

5.3 知识拓展——Smart 组件及其子组件

Smart 组件是 RobotStudio 对象，该组件动作可由代码或/和其他 Smart 组件控制执行。Smart 组件属性编辑器是用来编辑 Smart 组件的动态属性值和 I/O 信号。Smart 组件编辑器由"组成""属性与连接""信号和连接"和"设计"四个选项卡组成。

Smart 子对象组件表示在自动工业中使用的整套的基本搭建组件，可以被用来组成执行更复杂动作的用户定义的 Smart 组件。Smart 子对象组件包括："信号与属性"子对象组件、"参数与建模"子对象组件、"传感器"子对象组件、"动作"子对象组件、"本体"子对象组件及"其他"子对象组件。

前面的任务中，已经使用 Smart 组件的功能实现工作站的动画效果，为了在以后的使用中很好地发挥其功能，下面就常用子组件的功能进行详细说明。

5.3.1 信号与属性子组件

本子组件的主要功能是处理工作站运行中的各种数字信号的相互逻辑运算关系，从而达到预期的动态效果，包括 LogicGate、LogicExpression 和 LogicSRLatch 等。

1．LogicGate

其功能是将两个操作数 InputA（Digital）和 InputB（Digital）按照操作符 Operator（String）所指定的运算方式以及 Delay（Double）所指定的输出变化延迟时间输出到 OutPut 所指定的运算结果中。LogicGate 信号及属性说明见表 5-20。

表 5-20　LogicGate 信号及属性说明

信号	说明
InputA	第一个输入信号
InputB	第二个输入信号
Output	逻辑运算的结果
属性	说明
Operator	所使用的逻辑运算的运算符： ●AND——与 ●OR——或 ●XOR——异或 ●NOT——非 ●NOP——空操作 Delay 用于设定输出信号延迟时间

2．LogicExpression

其主要功能是评估逻辑表达式。LogicExpression 信号及属性说明见表 5-21。

表 5-21　LogicExpression 信号及属性说明

信号	说明
Result（Digital）	内容为求值的结果
属性	说明
Expression（String）	要评估的表达式 支持的逻辑运算符： ●AND ●OR ●XOR ●NOT 对于其他标识符，输入信号会自动添加

3．LogicMux

其主要功能是选择一个输入信号，即按照"Selector（Digital）"设定为 0 时，选择第一个输入 InputA；为 1 时，选择第二个输入 InputB。LogicMux 信号说明见表 5-22。

表 5-22 LogicMux 信号说明

信号	说明
Selector（Digital）	为 0 时，选择第一个输入；为 1 时，选择第二个输入
InputA（Digital）	指定第一个输入信号
InputB（Digital）	指定第二个输入信号
Output（Digital）	指定运算结果

4. LogicSplit

其主要功能是根据输入信号的状态进行输出设定和脉冲输出设定。LogicSplit 信号说明见表 5-23。

表 5-23 LogicSplit 信号说明

信号	说明
Input（Digital）	指定输入信号
OutputHigh（Digital）	当 Input 设为 1 时，转为 High(1)
OutputLow（Digital）	当 Input 设为 1 时，转为 High(0)
PulseHigh（Digital）	当 Input 设为 High 时，发送脉冲
PulseLow（Digital）	当 Input 设为 Low 时，发送脉冲

5. LogicSRLatch

用于进行置位/复位信号，并带自锁功能。LogicSRLatch 信号说明见表 5-24。

表 5-24 LogicSRLatch 信号说明

信号	说明
Set（Digital）	设置输出信号
Reset（Digital）	复位输出信号
Output（Digital）	指定输出信号
InvOutput（Digital）	指定反转输出信号

6. Converter

用于属性值和信号值之间的转换。Converter 信号及属性说明见表 5-25。

表 5-25 Converter 信号及属性说明

信号	说明
DigitalInput（Digital）	转换为 DigitalProperty
DigitalOutput（Digital）	由 DigitalProperty 转换
AnalogInput（Analog）	转换为 AnalogProperty
AnalogOutput（Analog）	由 AnalogProperty 转换
GroupInput（DigitalGroup）	转换为 GroupProperty
GroupOutput（DigitalGroup）	由 GroupProperty 转换
属性	说明
AnalogProperty（Double）	要评估的表达式
DigitalProperty（Int32）	转换为 DigitalOutput
GroupProperty（Int32）	转换为 GroupOutput
BooleanProperty（Boolean）	由 DigitalInput 转换为 DigitalOutput

7．VectorConverter

在 Vector 和 *X*、*Y*、*Z* 值之间转换。VectorConverter 属性说明见表 5-26。

表 5-26　VectorConverter 属性说明

属性	说明
X（Double）	指定 Vector 的 *X* 值
Y（Double）	指定 Vector 的 *Y* 值
Z（Double）	指定 Vector 的 *Z* 值
Vector（Vector3）	向量值

8．Expression

用于验证数学表达式，格式计算支持+、-、*、/、^(power)、sin、cos、tan、asin、scos、atan、sqrt、abs、pi。数字属性将自动添加给其他标识符，运算结果显示在 Result 中。Expression 属性说明见表 5-27。

表 5-27　Expression 属性说明

属性	说明
Expression（String）	要计算的表达式
Result（Double）	求值的结果

9．Comparer

其功能是设定一个数字信号，输出一个属性的比较结果。Comparer 信号及属性说明见表 5-28。

表 5-28　Comparer 信号及属性说明

信号	说明
Output（Digital）	如果比较结果为 True 时，变为 high（1）
属性	说明
ValueA（Double）	指定第一个值
ValueB（Double）	指定第二个值
Operator（String）	比较操作，所支持的运算符：==、!=、>、>=、<、<=

10．Counter

用于增加或减少属性的值。Counter 信号及属性说明见表 5-29。

表 5-29　Counter 信号及属性说明

信号	说明
Increase（Digital）	设定为 high（1）时，对计数器进行加操作
Decrease（Digital）	设定为 high（1）时，对计数器进行减操作
Reset（Digital）	设定为 high（1）时，对计数器进行复位
属性	说明
Count（Int32）	计数

11．Repeater

脉冲输出信号的次数。Repeater 信号及属性说明见表 5-30。

表 5-30 Repeater 信号及属性说明

信号	说明
Execute（Digital）	设定为 high（1）时，对计数器进行加操作
Output（Digital）	设定为 high（1）时，对计数器进行减操作
属性	说明
Count（Int32）	脉冲输出的次数

12．Timer

在仿真时，在指定的时间间隔输出一个数字信号，即当勾选"Repeat"时,在 Interval 指定的时间间隔重复触发脉冲；当取消勾选"Repeat"时，仅触发一个 Interval 指定的时间间隔的脉冲信号。Timer 信号及属性说明见表 5-31。

表 5-31 Timer 信号及属性说明

信号	说明
Active（Digital）	设定为 high（1）时激活计时器
Output（Digital）	在指定的时间间隔发出脉冲变为 high（1），然后变为 low（0）
Reset（Digital）	设定为 high（1）时复位当前计时
属性	说明
StartTime（Double）	第一个脉冲前的时间
Interval（Double）	脉冲宽度
Repeat（Double）	指定信号脉冲是重复还是仅执行一次
Current time（Double）	输出当前时间

13．MultiTimer

仿真期间。MultiTimer 信号及属性说明见表 5-32。

表 5-32 MultiTimer 信号及属性说明

信号	说明
Active（Digital）	设定为 high（1）时激活计时器
Reset（Digital）	设定为 high（1）时复位当前计时
属性	说明
Count（Int32）	信号数
CurrentTime（Double）	输出当前时间

14．StopWatch

为仿真计时，Lap 设定为 1 时开始一个新的循环，循环时间是 LapTime 所指定的时间，当 Active 定为 1 时才激活计时器开始计时。StopWatch 信号及属性说明见表 5-33。

表 5-33　StopWatch 信号及属性说明

信号	说明
Active（Digital）	设定为 high（1）时激活计时器
Reset（Digital）	设定为 high（1）时复位计时器
Lap（Digital）	设定为 high（1）开始新的循环
属性	说明
TotalTime（Double）	输出总累计时间
LapTime（Double）	输出周期时间
AutoReset（Boolean）	当仿真开始时复位计时器

5.3.2　参数与建模子组件

本子组件的主要功能是可以生成一些指定参数的模型，包括 ParametricBox、ParametricCylinder、ParametricCircle 和 ParametricLine 等多种子组件。

1．ParametricBox

用于创建一个指定长度、宽度和高度的矩形体。ParametricBox 属性及信号说明见表 5-34。

表 5-34　ParametricBox 属性及信号说明

属性	说明
SizeX（Double）	长度
SizeY（Double）	宽度
SizeZ（Double）	高度
GeneratedPart（Part）	已生成的部件
KeepGeometry（Boolean）	设定为 False 时放弃已生成的部件，这样可以使其他组件如 Source 执行得更快
信号	说明
Update（Digital）	设定为 high（1）时更新已生成的部件

2．ParametricCylinder

用于创建一个指定半径（Radius）和高度（Height）的圆柱体。ParametricCylinder 属性及信号说明见表 5-35。

表 5-35　ParametricCylinder 属性及信号说明

属性	说明
Radius（Double）	半径
Height（Double）	高度
GeneratedPart（Part）	已生成的部件
KeepGcometry（Boolean）	设定为 False 时放弃已生成的部件
信号	说明
Update（Digital）	设定为 high（1）时更新已生成的部件

3．ParametricCircle

用于创建一个给定半径的圆。ParametricCircle 属性及信号说明见表 5-36。

表 5-36　ParametricCircle 属性及信号说明

属性	说明
Radius（Double）	半径
GeneratedPart（Double）	已生成的部件
GeneratedWire（Wire）	生成的线框
KeepGcometry（Boolean）	设定为 False 时放弃已生成的部件
信号	说明
Update（Digital）	设定为 high（1）时更新已生成的部件

4. ParametricLine

用于创建一条给定端点和长度的线段。如果端点或长度发生变化，生成的线段将随之更新。ParametricLine 属性及信号说明见表 5-37。

表 5-37　ParametricLine 属性及信号说明

属性	说明
EndPoint（Vector3）	指定线段的端点
Height（Double）	指定线段的长度
GeneratedPart（Part）	已生成的部件
GeneratedWire（Wire）	生成的线框
KeepGcometry（Boolean）	设定为 False 时放弃已生成的部件
信号	说明
Update（Digital）	设定为 high（1）时更新已生成的部件

5. LinearExtrusion

用于面拉伸或沿着向量方向拉伸线段。LinearExtrusion 属性及信号说明见表 5-38。

表 5-38　LinearExtrusion 属性及信号说明

属性	说明
SourceFace（Face）	表面拉伸
SourceWire（Wire）	线段拉伸
Projection（Vector3）	沿着向量方向进行拉伸
GeneratedPart（Part）	已生成的部件
KeepGeometry（Boolean）	设定为 False 时放弃已生成的部件
信号	说明
Update（Digital）	设定为 high（1）时更新已生成的部件

6. CircularRepeater

用于根据给定的角度按照圆形分布创建图形组件的复制。CircularRepeater 属性说明见表 5-39。

表 5-39 CircularRepeater 属性说明

属性	说明
Source（GraphicComponent）	要复制的对象
Count（Int32）	复制对象的数量
Radius（Double）	圆的半径
DeltaAngle（Double）	复制对象间的角度

7．LinearRepeater

用于沿着线性方向创建图形的复制，源对象、创建的对象、创建对象间的距离等都由参数设定。LinearRepeater 属性说明见表 5-40。

表 5-40 LinearRepeater 属性说明

属性	说明
Source（GraphicComponent）	要复制的对象
Offset（Int32）	在两个复制对象之间的偏移
Distance（Double）	复制之间的距离
Count（Int32）	复制对象的数量

8．MatrixRepeater

用于在 3D 空间创建图形组件的复制。MatrixRepeater 属性说明见表 5-41。

表 5-41 MatrixRepeater 属性说明

属性	说明
Source（GraphicComponent）	要复制的对象
CountX（Int32）	在 X 轴方向上复制的数量
CountY（Int32）	在 Y 轴方向上复制的数量
CountZ（Int32）	在 Z 轴方向上复制的数量
OffsetX（Double）	在 X 轴方向上复制间的偏移
OffsetY（Double）	在 Y 轴方向上复制间的偏移
OffsetZ（Double）	在 Z 轴方向上复制间的偏移

5.3.3 传感器子组件

传感器子组件主要用来创建具有检测碰撞、接触及到位信号等功能的传感器，包括 CollisionSensor、LineSensor、PlaneSensor 和 VolumeSensor 等多种子组件。

1．CollisionSensor

用于创建对象 1 和对象 2 之间碰撞监控的传感器。如果两个对象中有任意一个没有指定，将检测所指定的对象与整个工作站的碰撞关系。若 Active 处于激活状态且 SensorOut 有输出时，将会在 Part1 和 Part2 中对发生或即将发生碰撞关系的部件进行指示。CollisionSensor 属性及信号说明见表 5-42。

表 5-42　CollisionSensor 属性及信号说明

属性	说明
Object1（GraphicComponent）	第一个对象
Object2（GraphicComponent）	第二个对象，或无法检测整个工作站
NearMiss（Double）	接近碰撞设定值，或已达碰撞临界值
Part1（Part）	第一个发生碰撞的部件
Part2（Part）	第二个发生碰撞的部件
CollisionType（Int32）	None（无），Near miss（接近碰撞），Collision（碰撞）
信号	说明
Active（Digital）	指定 CollisionSensor 是否激活
SensorOut（Digital）	当发生碰撞或接近丢失时为 high（1）

2. LineSensor

创建一个线传感器，用于检测是否有任何对象与两点之间的线段相交。通过属性中给出的数据设定线传感器的位置、长度和粗细等。LineSensor 属性及信号说明见表 5-43。

表 5-43　LineSensor 属性及信号说明

属性	说明
Start（Vector3）	起始点
End（Vector3）	结束点
Radius（Double）	半径
SensedPart（Part）	与 LineSensor 相交的部件，如果有多个部件相交，则列出距起始点最近的部件
SensedPoint（Vector3）	指定相交对象上距离起始点最近的点
信号	说明
Active（Digital）	设定为 1 时激活传感器
SensorOut（Digital）	当对象与传感器相交时变为 high（1）

3. PlaneSensor

创建一个面传感器，用于监测对象与平面的接触情况。面传感器通过在属性中设定原点 Origin、Axis1 和 Axis2 的三个坐标进行构建。在 Active 为 1 的情况下通过 SensedPart 监测和面传感器接触的物体，如果和物体有接触 SensorOut 变为 1。PlaneSensor 属性及信号说明见表 5-44。

表 5-44　PlaneSensor 属性及信号说明

属性	说明
Origin（Vector3）	平面的原点
Axis1（Vector3）	平面的第一个轴
Axis2（Vector3）	平面的第二个轴
SensedPart（Part）	指定与 PlaneSensor 相交的部件，如果多个部件相交，则在布局浏览器中第一个显示的部件将被选中
信号	说明
Active（Digital）	设定为 1 时激活传感器
SensorOut（Digital）	当对象与面传感器相交时变为 high（1）

4．VolumeSensor

用于检测是否有任何对象位于某个体积内，所设定的体积由角点、方向、长度、宽度及高度确定。VolumeSensor 属性及信号说明见表 5-45。

表 5-45　VolumeSensor 属性及信号说明

属性	说明
CornerPoint（Vector3）	角点
Orientation（Vector3）	对象相对于参考坐标和对象的方向(Euler ZYX)
Length（Double）	长度
Width（Double）	宽度
Height（Double）	高度
PartialHit（Boolean）	检测仅有一部分位于体积内
SensedPart（Part）	检测部件
信号	说明
Active（Digital）	设定为 1 时激活传感器
SensorOut（Digital）	检测到对象时变为 high（1）

5．PositionSensor

用于在仿真过程中对对象位置的监控。PositionSensor 属性说明见表 5-46。

表 5-46　PositionSensor 属性说明

属性	说明
Object（IHasTransform）	要监控的对象
Reference（String）	坐标系统的返回值
ReferenceObject	参考对象
Position（Vector3）	位置
Orientation（Vector3）	指定对象的新方向

6．ClosestObject

用于查找最接近参考点的对象或其他对象的对象。ClosestObject 属性及信号说明见表 5-47。

表 5-47　ClosestObject 属性及信号说明

属性	说明
ReferenceObject	参考对象，或无使用参考点
ReferencePoint	参考点
RootObject	搜索对象的子对象，或在工作站中无东西可搜索
ClosestObject	接近最上层对象
ClosestPart（Part）	最接近的部件
Distance（Double）	参考对象/点和已知的对象之间的距离
信号	说明
Execute（Digital）	设定为 high (1)去找最接近的对象
Executed（Digital）	当操作完成就变成 high (1)

7. JointSensor

用于在仿真期间监控机械接点值。JointSensor 属性及信号说明见表 5-48。

表 5-48　JointSensor 属性及信号说明

属性	说明
Mechanism (Mechanism)	要监控的机械
信号	**说明**
Update (Digital)	设置为 high (1) 以更新接点值

8. GetParent

用于获取对象的父对象。GetParent 属性说明见表 5-49。

表 5-49　GetParent 属性说明

属性	说明
Child (ProjectObject)	子对象
Parent (ProjectObject)	父级

5.3.4　动作子组件

动作子组件主要用来完成与动作相关的一些功能的设置，比如安装、拆除对象以及创建对象的拷贝等功能都可以由本子组件来实现，包括 Attacher、Detacher、Source、Sink 和 Show 等多种子组件。

1. Attacher

用于将子对象安装到父对象上，如果父对象为机械装置，还必须指定机械装置的 Flange。Attacher 属性及信号说明见表 5-50。

表 5-50　Attacher 属性及信号说明

属性	说明
Parent (ProjectObject)	安装的父对象
Flange (Int32)	机械装置或工具数据安装
Child (IAttachableChild)	安装对象
Mount (Boolean)	移动对象到其父对象
Offset (Vector3)	当进行安装时，位置与安装的父对象相对应
Orientation (Vector3)	当进行安装时，方向与安装的父对象相对应
信号	**说明**
Execute (Digital)	设定为 high (1)时安装
Executed (Digital)	当此操作完成时变成 high (1)

2. Detacher

用于拆除一个已安装的对象。其工作过程为：当 Execute 进行置位操作时，Detacher 会将子对象从其所安装的父对象上拆除下来。如果 KeepPosition 处于勾选状态，子对象则保持位置不变；如果 KeepPosition 未处于勾选状态，子对象将回到初始位置。Detacher 属性及信号说明见表 5-51。

表 5-51　Detacher 属性及信号说明

属性	说明
Child (IAttachableChild)	已安装的对象
KeepPosition (Boolean)	如果是 false, 已安装对象回到原始的位置。
信号	说明
Execute (Digital)	设定为 high (1)去取消安装
Executed (Digital)	当此操作完成时变成 high (1)

3．Source

用于创建一个图形的拷贝。在 Execute 置 1 时复制对象的父对象由 Parent 属性定义，而 Copy 属性则指定对所复制对象的参考，复制完成后 Executed 置位。Source 属性及信号说明见表 5-52。

表 5-52　Source 属性及信号说明

属性	说明
Source (GraphicComponent)）	要复制的对象
Copy (GraphicComponent)	包含复制的对象
Parent (IHasGraphicComponents)	增加拷贝的位置，如果有同样的父对象为源则无效
Position (Vector3)	拷贝的位置与父对象相对应
Orientation (Vector3)	拷贝的方向与父对象相对应
Transient (Boolean)	在临时仿真过程中对已创建的复制对象进行标记，防止内存错误的发生
PhysicsBehavior (Int32)	规定副本的物理行为
信号	说明
Execute (Digital)	设定为 high (1)去创建一个拷贝
Executed (Digital)	当此操作完成时变成 high (1)

4．Sink

用于删除图形组件。执行过程为：在 Execute 置 1 时删除 Object 所参考的对象，删除完成后将 Executed 置位。Sink 属性及信号说明见表 5-53。

表 5-53　Sink 属性及信号说明

属性	说明
Object (ProjectObject)	要删除的对象
信号	说明
Execute (Digital)	设定为 high (1)时去移除对象
Executed (Digital)	当此操作完成时变成 high (1)

5．Show

用于在画面中使该对象可见。在 Execute 置 1 时显示 Object 中所参考的对象，显示完成后将 Executed 置位。Show 属性及信号说明见表 5-54。

表 5-54　Show 属性及信号说明

属性	说明
Object (ProjectObject)	显示对象
信号	说明
Execute (Digital)	设定为 high (1)时显示对象
Executed (Digital)	当此操作完成时变成 high (1)

6. Hide

用于在画面中将对象隐藏。Hide 属性及信号说明见表 5-55。

表 5-55　Hide 属性及信号说明

属性	说明
Object (ProjectObject)	隐藏对象
信号	说明
Execute (Digital)	设定为 high (1)时隐藏对象
Executed (Digital)	当此操作完成时变成 high (1)

7. SetParent

用于设置图形组件的父对象。SetParent 属性及信号说明见表 5-56。

表 5-56　SetParent 属性及信号说明

属性	说明
Child (GraphicComponent)	子对象
Parent (IHasGraphicComponents)	新建父对象
KeepTransform (Boolean)	保持子对象的位置和方向
信号	说明
Execute (Digital)	对 high (1) 进行设置以将子对象移至新父对象

5.3.5　本体子组件

本体子组件主要用来设置对象的直线运动、旋转运动、位姿变化以及关节运动等，包括 LinearMover、LinearMover2、Rotator、Rotator2 和 PosMover 等多种子组件。

1. LinearMover

用于移动一个对象到一条线上。在 Execute 置 1 时，按照 Speed 所指定的速度、Direction 所指定的方向移动 Object。LinearMover 属性及信号说明见表 5-57。

表 5-57　LinearMover 属性及信号说明

属性	说明
Object (IHasTransform)	移动对象
Direction (Vector3)	对象移动方向
Speed (Double)	速度
Reference (String)	已指定坐标系统的值
ReferenceObject (IHasTransform)	参考对象
信号	说明
Execute (Digital)	设定为 high (1)时开始移动对象

2．LinearMover2

用于移动一个对象到指定位置。在 Execute 置 1 时，按照 Speed 所指定的速度、Direction 所指定的方向移动 Object。LinearMover2 属性及信号说明见表 5-58。

表 5-58　LinearMover2 属性及信号说明

属性	说明
Object (IHasTransform)	移动对象
Direction (Vector3)	对象移动方向
Distance (Double)	移动对象的距离
Duration (Double)	移动的时间
Reference (String)	已指定坐标系统的值
ReferenceObject (IHasTransform)	参考对象
信号	说明
Execute (Digital)	设定为 high (1)时开始移动
Execute (Digital)	当移动完成后变成 high (1)
Executing (Digital)	当移动的时候变成 high (1)

3．Rotator

用于表示对象按照指定的速度绕着轴旋转。Rotator 属性及信号说明见表 5-59。

表 5-59　Rotator 属性及信号说明

属性	说明
Object (IHasTransform)	旋转对象
CenterPoint (Vector3)	旋转中心点
Axis (Vector3)	旋转轴
Speed (Double)	旋转速度
Reference (String)	已指定坐标系统的值
ReferenceObject (IHasTransform)	参考对象
信号	说明
Execute (Digital)	设定为 high (1)时旋转对象

4．Rotator2

用于表示对象围绕指定的轴旋转指定角度。Rotator2 属性及信号说明见表 5-60。

表 5-60　Rotator 2 属性及信号说明

属性	说明
Object (IHasTransform)	旋转对象
CenterPoint (Vector3)	旋转中心点
Axis (Vector3)	旋转轴
Angle (Double)	旋转的角度
Duration (Double)	移动的时间
Reference (String)	已指定坐标系统的值
ReferenceObject (IHasTransform)	参考对象

（续）

信号	说明
Execute (Digital)	设定为 high (1)时开始移动
Execute (Digital)	当移动完成后变成 high (1)
Executing (Digital)	当移动的时候变成 high (1)

5．PosMover

用于表示运动机械装置关节到一个已定义的姿态。PosMover 属性及信号说明见表 5-61。

表 5-61 PosMover 属性及信号说明

属性	说明
Mechanism (Mechanism)	移动机械装置
Pose (Int32)	姿态
Duration (Double)	运行时间
信号	说明
Execute (Digital)	设定为 high (1)时开始移动
Pause (Digital)	设定为 high (1)时暂停移动
Cancel (Digital)	设定为 high (1) 时取消移动
Executed (Digital)	当移动完成后变成 high (1)
Executing (Digital)	当移动的时候变成 high (1)
Paused (Digital)	当移动被暂停时变为 high (1)

6．JointMover

用于运动机械装置的关节，通过设定 Mechanism、Relative 和 Duration 等属性来实现机械装置中关节运动的参数。JointMover 属性及信号说明见表 5-62。

表 5-62 JointMover 属性及信号说明

属性	说明
Mechanism (Mechanism)	移动机械装置
Relative (Boolean)	关节的值与当前姿态相关
Duration (Double)	移动的时间
信号	说明
GetCurrent (Digital)	设定为 high (1)时返回当前的关节值
Execute (Digital)	设定为 high (1)时开始移动
Pause (Digital)	设定为 high (1)时暂停移动
Cancel (Digital)	设定为 high (1) 时取消移动
Executed (Digital)	当移动完成后变成 high (1)
Executing (Digital)	当移动的时候变成 high (1)
Paused (Digital)	当移动被暂停时变为 high (1)

7．Positioner

用于设定对象的位置与方向。Positioner 属性及信号说明见表 5-63。

表 5-63   Positioner 属性及信号说明

属性	说明
Object (IHasTransform)	移动对象
Position (Vector3)	对象的位置
Orientation (Vector3)	指定对象的新方向
Reference (String)	已指定坐标系统的值
ReferenceObject (IHasTransform)	参考对象
信号	说明
Execute (Digital)	设定为 high (1)时设定位置
Executed (Digital)	当操作完成成时变成 high (1)

8. MoveAlongCurve

用于沿几何曲线移动对象（使用常量偏移）。MoveAlongCurve 属性及信号说明见表 5-64。

表 5-64   MoveAlongCurve 属性及信号说明

属性	说明
Object (IHasTransform)	移动对象
WirePart (Part)	包含移动所沿线的部分
Speed (Double)	速度
KeepOrientation (Boolean)	设置为 True 可保持对象的方向
信号	说明
Execute (Digital)	设定为 high (1)时开始移动
Pause (Digital)	设定为 high (1)时暂停移动
Cancel (Digital)	设定为 high (1) 时取消移动
Executed (Digital)	当移动完成后变成 high (1)
Executing (Digital)	当移动的时候变成 high (1)
Paused (Digital)	当移动被暂停时变为 high (1)

5.3.6 其他子组件

1. Queue

用于表示对象的队列，可作为组进行操作。Queue 属性及信号说明见表 5-65。

表 5-65   Queue 属性及信号说明

属性	说明
Back (ProjectObject)	对象进入队列
Front (ProjectObject)	第一个对象在队列中
Queue (String)	包含队列元素的唯一 ID 编号
NumberOfObjects (Int32)	队列中对象的数量
信号	说明
Enqueue (Digital)	添加后面的对象到队列中
Dequeue (Digital)	删除队列中前面的对象
Clear (Digital)	清空队列
Delete (Digital)	在工作站和队列中移除 Front 对象
DeleteAll (Digital)	清除队列和删除所有工作站的对象

2．ObjectComparer

用于设定一个数字信号输出对象的比较结果。ObjectComparer 属性及信号说明见表 5-66。

表 5-66　ObjectComparer 属性及信号说明

属性	说明
ObjectA (ProjectObject)	第一个对象
ObjectB (ProjectObject)	第二个对象
信号	说明
Output (Digital)	如果对象相等则变成 high (1)

3．GraphicSwitch

用于设置双击图形时在两个部件之间转换。GraphicSwitch 属性及信号说明见表 5-67。

表 5-67　GraphicSwitch 属性及信号说明

属性	说明
PartHigh (Part)	当设定为 high (1)时为可见
PartLow (Part)	当信号为 low (0)时可见
信号	说明
Input (Digital)	输入
Output (Digital)	输出

4．Highlighter

用于临时改变对象颜色。Highlighter 属性及信号说明见表 5-68。

表 5-68　Highlighter 属性及信号说明

属性	说明
Object (GraphicComponent)	高亮显示对象
Color (Vector3)	高显颜色
Opacity (Int32)	去融合对象的原始颜色 (0~255)
信号	说明
Active (Digital)	设定为 high (1)时改变颜色，设定为 low (0) 时恢复原始颜色

5．MoveToViewpoint

用于切换到已经定义的视角上。MoveToViewpoint 属性及信号说明见表 5-69。

表 5-69　MoveToViewpoint 属性及信号说明

属性	说明
Viewpoint (Camera)	设置要移动到的视角
Time (Double)	运行时间
信号	说明
Execute (Digital)	设定为 high (1)时开始操作
Executed (Digital)	当操作完成时变成 high (1)

6. Logger

用于在输出窗后显示信息。Logger 属性及信号说明见表 5-70。

表 5-70 Logger 属性及信号说明

属性	说明
Format (String)	格式字符。支持的变量如 {id:type}, 类型为 d (double), i (int), s(string), o (object)
Message (String)	格式化信息
Severity (Int32)	信息等级
信号	说明
Execute (Digital)	设定为 high (1)时显示信息

7. SoundPlayer

用于播放声音。SoundPlayer 属性及信号说明见表 5-71。

表 5-71 SoundPlayer 属性及信号说明

属性	说明
SoundAsset (Asset)	播放声音的格式为 wav
Loop (Boolean)	设置为"真",以使声音循环。
信号	说明
Execute (Digital)	设定为 high (1)时播放声音
Stop (Digital)	设定为 high (1)时停止播放

8. Random

用于生成一个随机数。Random 属性及信号说明见表 5-72。

表 5-72 Random 属性及信号说明

属性	说明
Value (Double)	在最小和最大值之间的一个随机数
Min (Double)	最小值
Max (Double)	最大值
信号	说明
Execute (Digital)	设定为 high (1)时生成一个新的随机数
Executed (Digital)	当操作完成后变成 high (1)

9. StopSimulation

用于停止仿真。StopSimulation 信号说明见表 5-73。

表 5-73 StopSimulation 信号说明

信号	说明
Execute (Digital)	设定为 high (1)时停止仿真

10．TraceTCP

用于开启/关闭机器人的 TCP 跟踪。TraceTCP 属性及信号说明见表 5-74。

表 5-74　TraceTCP 属性及信号说明

属性	说明
Robot (Mechanism)	跟踪的机器人
信号	说明
Enabled (Digital)	设定为 high (1)时打开 TCP 跟踪
Clear (Digital)	设定为 high (1)时清空 TCP 跟踪

11．SimulationEvents

用于在仿真开始和停止时发出脉冲信号。SimulationEvents 信号说明见表 5-75。

表 5-75　SimulationEvents 信号说明

信号	说明
SimulationStarted (Digital)	仿真开始时发出的脉冲信号
SimulationStopped (Digital)	仿真停止时发出的脉冲信号

12．LightControl

用于开启/关闭机器人的 TCP 跟踪。LightControl 属性及信号说明见表 5-76。

表 5-76　LightControl 属性及信号说明

属性	说明
Light (Light)	光源
Color (Color)	设置光线颜色
CastShadows (Boolean)	允许光线投射阴影
AmbientIntensity (Double)	设置光线的环境光强
DiffuseIntensity (Double)	设置光线的漫射光强
HighlightIntensity (Double)	设置光线的反射光强
SpotAngle (Double)	设置聚光灯光锥的角度
Range (Double)	设置光线的最大范围
信号	说明
Enabled (Digital)	启用或禁用光源

思考与练习

1. 简述 Smart 组件及其子组件的属性及功能。
2. 构建一个带输送链的工业机器人搬运工作站。
3. 创建输送链的 Smart 组件。
4. 创建夹具的 Smart 组件。

参 考 文 献

[1] 叶晖. 工业机器人典型应用案例精析[M]. 北京：机械工业出版社，2013.

[2] 叶晖. 工业机器人工程应用虚拟仿真教程[M]. 北京：机械工业出版社，2013.

[3] 叶晖，管小清.工业机器人实操与应用技巧[M]. 北京：机械工业出版社，2010.

[4] 叶晖. 工业机器人实操与应用技巧[M]. 2 版. 北京：机械工业出版社，2017.

[5] 宋云艳，周佩秋.工业机器人离线编程与仿真[M]. 北京：机械工业出版社，2017.

[6] 许文稼. 工业机器人技术基础[M]. 北京：高等教育出版社，2017.

[7] 张涛. 机器人引论[M]. 北京：机械工业出版社，2010.